周末下厨房

李光健◎编著

吉林科学技术出版社

DIET SCIENCE
饮食科学

目录 | CONTENTS

第一章　常备菜

第二章　早午餐

第三章　下午茶

第四章　轻晚食

DIET SCIENCE
饮食科学

第一章

常备菜

葱油三脆

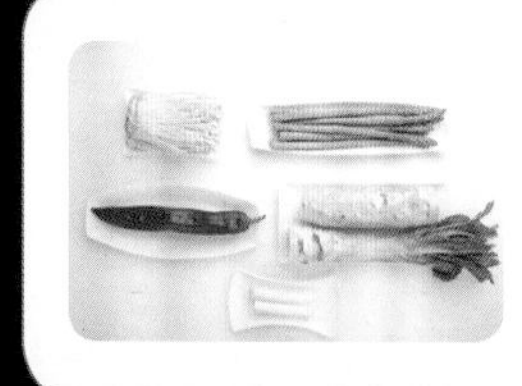

芦笋400克，莴笋、金针菇各250克，红尖椒15克

大葱25克，精盐1小匙，生抽2小匙，植物油2大匙

1 芦笋洗净，去根，削去老皮（图1），切成4厘米长的小段，放入沸水锅内焯烫一下（图2），捞出、过凉，沥净水分；大葱去根和老叶，洗净，切成细丝；红尖椒去蒂、去籽，切成细丝。

2 莴笋去掉菜根，削去外皮，切成6厘米长，1厘米见方的段（图3），放入沸水锅内煮3分钟（图4），捞出莴笋段，过凉，沥水。

3 金针菇洗净，切去根部（图5），放入沸水锅内焯烫一下（图6），捞出金针菇，过凉，沥净水分。

4 芦笋段、莴笋段、金针菇分别加入精盐、生抽搅拌均匀，码放在小碟内，撒上切好的大葱丝和红尖椒丝，淋上烧至九成热的植物油烫出香味（图7），直接上桌即可。

大拌菜

紫甘蓝、生菜、红柿子椒、黄柿子椒、苦苣、黄瓜、小番茄各100克，黑芝麻15克

精盐1小匙，白糖1大匙，白醋2小匙，橄榄油少许

1 黄瓜用清水漂洗干净，沥净水分，切成大片；黄柿子椒洗净，切成两半（图1），去蒂、去籽，斜刀切成小片；生菜剥取菜叶，洗净，撕成大块（图2）。

2 把红柿子椒洗净，去蒂、去籽，改刀切成片（图3）；小番茄洗净，擦净水分，去蒂，每个切成两半；苦苣去掉菜根，用清水漂洗干净，沥净水分。

3 紫甘蓝去掉菜根（图4），取紫甘蓝菜叶，用清水洗净，沥净水分，撕成大块（图5）。

4 把紫甘蓝块、生菜块、红柿子椒片、黄柿子椒片、苦苣、黄瓜片、小番茄放在容器内（图6），加上入精盐、白糖、白醋和橄榄油搅拌均匀（图7），撒上黑芝麻即可。

果蔬沙拉

生菜200克，小番茄、小黄瓜各100克，鸭梨1个

沙拉酱2大匙

1 把生菜去掉菜根，取净生菜叶，用淡盐水浸泡并洗净，捞出生菜叶，沥净水分，放在干净容器内垫底。

2 鸭梨削去外皮，去掉梨核，切成滚刀块；小番茄去蒂，洗净，每个切成两半；小黄瓜刷洗干净，切成小块。

3 将小番茄块、小黄瓜块和鸭梨块放在盛有生菜叶垫底的容器内，浇上沙拉酱，食用时拌匀，直接上桌即可。

雪梨300克，山楂罐头100克

白糖1大匙

1 将雪梨洗净，削去外皮，去掉梨核，切成厚约0.5厘米的大片，再切成小条，放入淡盐水中浸泡片刻。

2 从山楂罐头中取出山楂（山楂汁待用），去掉果核，每个切成两半；把雪梨条沥净水分，加上白糖调拌均匀。

3 将雪梨条放在盘内，把山楂撒在上面，淋上山楂汁，放入冰箱内冷藏保鲜，食用时取出，直接上桌即可。

山楂梨条

蜜汁水果

芒果1个，火龙果1个，鸭梨1个

冰糖25克，蜂蜜2小匙，糖桂花1匙

1. 鸭梨洗净，削去外皮，从中间切开成两半，去掉果核（图1），再把鸭梨切成大块（图2）；火龙果切去两端，再从中间切开成两半，剥去外皮（图3），取火龙果肉，切成块（图4）。
2. 将芒果刷洗干净，从中间切开成两半（图5），去掉果核，在芒果果肉上剞上十字花刀（图6）。
3. 净锅置火上，倒入1小碗清水，加入冰糖熬煮至溶化，出锅倒在碗内，凉凉成冰糖水，加上蜂蜜、糖桂花拌匀成蜜汁。
4. 将鸭梨块、火龙果块放在盘内，摆上芒果（图7），食用时淋上调好的蜜汁即可。

小白菜300克，鸡蛋4个

精盐1小匙，米醋1/2大匙，水淀粉、面粉各2小匙，植物油1大匙，鸡精1/2小匙，香油少许

1 小白菜用清水洗净，沥净水分，去掉菜根和老叶，切成段，放入清水锅内（图1），加上少许精盐焯烫一下，捞出小白菜（图2），过凉，沥净水分。

蛋皮菜卷

2 将焯烫好的小白菜放在容器内，加上精盐、米醋、鸡精和香油搅拌均匀（图3）；鸡蛋磕入碗内，加上少许精盐、面粉、水淀粉拌匀成鸡蛋液（图4）。

3 平锅置火上，刷上植物油，倒入鸡蛋液，转动平锅使蛋液均匀平铺在锅底，看到蛋皮边缘与锅壁脱离，取出成鸡蛋皮（图5）。

4 将鸡蛋皮放在案板上，在一侧摆上加工好的小白菜（图6），把鸡蛋皮卷起成蛋皮菜卷，切成大小均匀的小块（图7），码放在盘内，直接上桌即可。

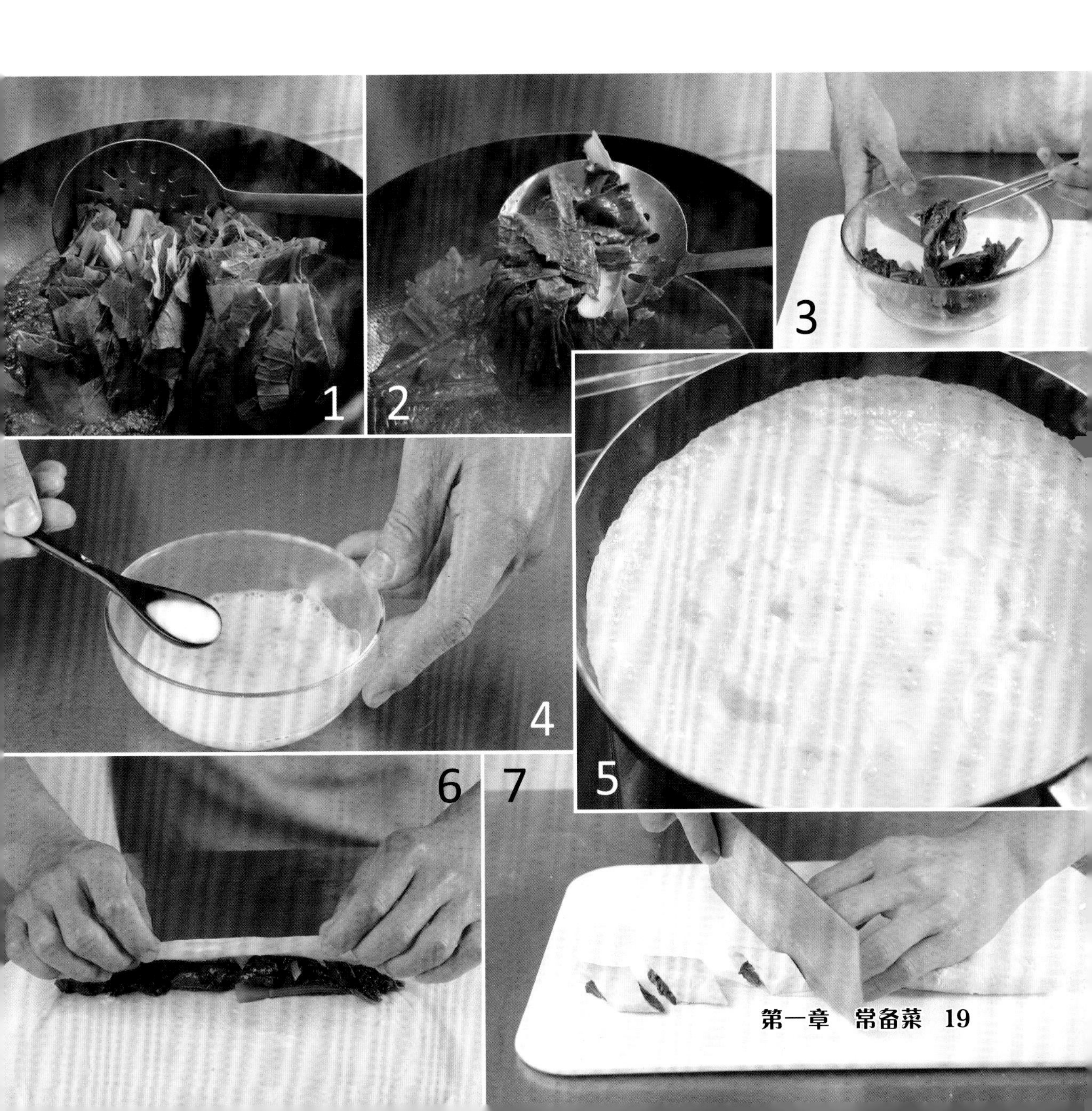

毛豆500克

大葱、姜块各15克，八角3个，干红辣椒、花椒各5克，香叶5片，桂皮1小块，精盐1大匙

1 将毛豆用清水洗净，沥净水分，用剪刀把毛豆两端剪断；大葱去根和老叶，切成葱段；姜块洗净，切成大片。

2 炒锅置火上，加入清水，放入葱段、姜片、花椒、八角、香叶、桂皮和干红辣椒，倒入毛豆煮至沸。

3 加入精盐，改用小火煮约25分钟，离火，继续把毛豆浸泡在汤汁内使入味，食用时捞出毛豆，装盘上桌即可。

五香毛豆

卤煮花生

干花生米500克

大葱10克，姜块15克，八角2个，花椒3克，香叶2片，桂皮1小块，干红辣椒5个，精盐1大匙

1 把干花生米放入容器内，加入适量的清水浸泡15分钟；大葱去根和老叶，切成葱段；姜块去皮，切成大片。

2 锅置于火上，加入清水和泡好的花生米，放入葱段、姜片、花椒、八角、香叶、桂皮和干红辣椒。

3 用旺火烧煮至沸，撇去浮沫，加上精盐，改用小火煮约20分钟至熟香，捞出花生米，装盘上桌即可。

桂花糯米藕

莲藕500克，糯米150克

桂花酱2大匙，蜂蜜1大匙

1. 糯米淘洗干净，放在容器内，倒入清水浸泡2小时；莲藕刷洗干净，削去外皮（图1）。

2. 将莲藕放在案板上，在莲藕较粗的一端4厘米处切开（图2），把浸泡过的糯米顺着莲藕的每一个孔灌进去（图3），注意莲藕不要灌得太满，因为糯米煮的过程中会膨胀。

3. 将切下来的莲藕头盖上，用牙签固定莲藕成糯米藕生坯（图4），放入清水锅内焯烫一下，捞出。

4. 将糯米藕生坯放在沸水锅中，加入少许桂花酱和蜂蜜（图5），烧沸后用小火煮40分钟至糯米藕软糯熟香（图6），捞出糯米藕，凉凉，切成圆片，码放在盘内，淋上少许桂花酱即可（图7）。

醋腌萝卜

白萝卜1根，红尖椒25克，香葱15克，熟芝麻少许

精盐1小匙，米醋2大匙，白糖1大匙，生抽2小匙

1. 将白萝卜洗净，去掉菜根，削去外皮，先顺长切成两半，剞上一字刀，再把白萝卜切成0.5厘米厚的片。
2. 红尖椒去蒂、去籽，洗净，切成小粒；香葱去根和老叶，洗净，切成香葱花。
3. 白萝卜片放在大碗中，加入精盐拌匀，腌渍出水分，再加上米醋、白糖、生抽搅拌均匀，腌渍30分钟，加入红尖椒粒、香葱花和熟芝麻拌匀，装盘上桌即可。

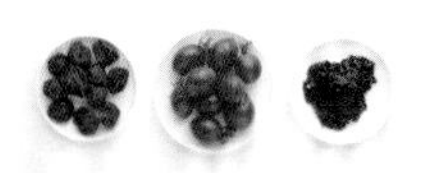

小番茄300克，九制话梅10颗

蓝莓酱2大匙，蜂蜜1大匙

1. 炒锅置火上，倒入适量的清水，把小番茄去蒂，倒入锅内烧沸，用旺火焯烫2分钟，捞出小番茄，剥去外皮。
2. 九制话梅放入小碗内，加入少许清水浸泡20分钟，捞出九制话梅，沥净水分。
3. 把九制话梅与小番茄放入容器内，加上蜂蜜调拌均匀，码放在盘内，淋上蓝莓酱，食用时调拌均匀即可。

梅汁小番茄

酱汁丸子

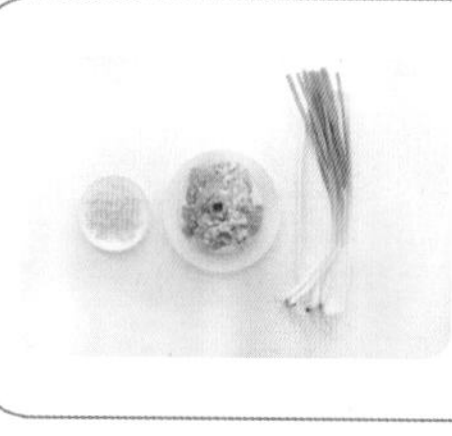

五花猪肉400克，香葱15克，鸡蛋1个

大葱5克，姜块10克，精盐1小匙，料酒、酱油各1大匙，胡椒粉、白糖各少许，淀粉、香油、植物油各适量

1 五花猪肉剔去筋膜，洗净血污，剁成肉末；香葱去根和老叶，洗净，切成香葱花（图1）；鸡蛋磕入碗内，搅拌均匀成鸡蛋液；大葱洗净，切成碎末；姜块去皮，切成小粒。

2 五花猪肉末放在容器内，倒入少许清水，加入姜粒稍拌（图2），磕入鸡蛋（图3），加上少许精盐、料酒、白糖拌匀，再放入淀粉（图4），搅拌均匀至上劲儿成馅料。

3 锅置火上，加入植物油烧至五成热，把馅料挤成核桃大小的丸子（图5），放入油锅中，用中火炸至酥脆，捞出丸子（图6），沥油。

4 锅内留少许底油烧热，加入葱末、料酒、酱油、精盐、胡椒粉、白糖和清水烧沸，放入丸子，用小火烧约10分钟至丸子熟香入味（图7），淋上香油，撒上香葱花，装盘上桌即可。

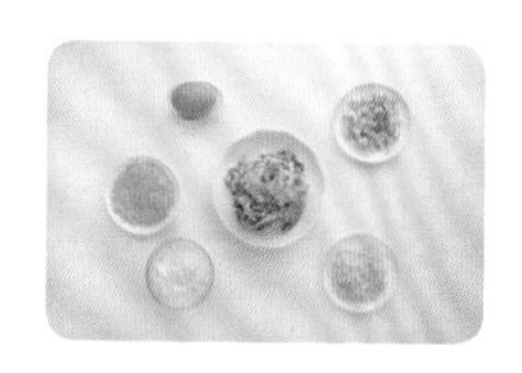

猪肉末400克，鸡蛋1个

大葱、姜块各10克，精盐1小匙，料酒、淀粉各1大匙，五香粉1/2小匙，胡椒粉、香油各少许，植物油适量

1. 大葱择洗干净，切成碎末；姜块去皮，洗净，也切成碎末。
2. 猪肉末放在容器内，磕入鸡蛋，加上姜末、葱末、精盐、料酒、五香粉、胡椒粉、香油、淀粉搅拌均匀成馅料。
3. 把馅料制作成小肉饼，码放在盘内，上屉蒸10分钟，出锅，再放入烧热的油锅内煎至色泽黄亮，出锅上桌即可。

香煎猪肉饼

干炸丸子

猪肉末400克，熟芝麻25克，鸡蛋1个

葱花10克，老姜15克，精盐1小匙，料酒1大匙，淀粉、植物油、椒盐各适量

1. 老姜洗净，削去外皮，切成细末；猪肉末放入大碗中，放入姜末，加入精盐搅拌均匀，再磕入鸡蛋拌匀。
2. 加入2大匙清水，继续搅拌均匀，放入淀粉、葱花、料酒拌匀，最后加入熟芝麻，搅拌均匀成馅料。
3. 将馅料团成直径3厘米大小的丸子，依次下入烧至六成热的油锅内炸至色泽金黄，捞出丸子，码放在盘内，带椒盐一起上桌即可。

烧焖猪蹄

猪蹄750克，香菇100克

大葱、姜块、蒜瓣各15克，八角5个，精盐1小匙，老抽1大匙，料酒、白糖各2小匙，水淀粉、植物油各适量

1 猪蹄洗净，去掉绒毛，沥净水分，把猪蹄顺长劈开成两半（图1），再剁成大小均匀的块（图2），放入沸水锅内焯烫3分钟，撇去浮沫，捞出猪蹄块（图3），沥净水分。

2 大葱洗净，切成小段；蒜瓣去皮，切去两端；香菇择洗干净，去掉菌蒂，切成小块（图4）。

3 高压锅置火上，倒入清水，放入焯烫好的猪蹄块，加入葱段、姜块、八角和料酒（图5），用中火炖30分钟，捞出猪蹄块。

4 净锅置火上，倒入植物油烧热，放入蒜瓣、葱段、八角炝锅，倒入猪蹄块翻炒，加入料酒、精盐、白糖、老抽炒至变色（图6），放入香菇块烧至入味，用水淀粉勾芡（图7），出锅上桌即可。

猪排骨750克

葱段25克，姜片15克，精盐1/2小匙，番茄酱、白糖各2大匙，料酒、米醋各1大匙，酱油、香油各少许，淀粉、植物油各适量

1 将猪排骨洗净血污，擦净表面水分，剁成4厘米大小的块（图1），放入清水锅内，用旺火焯烫3分钟，撇去浮沫和杂质，捞出排骨块（图2），换清水洗净。

糖醋排骨

2 净锅置火上，加入植物油烧至五成热，加入葱段、姜片炝锅出香味，倒入排骨块煸炒片刻（图3）。

3 烹入料酒，加入酱油、少许精盐、白糖和清水烧沸，用中火烧焖20分钟（图4），捞出排骨块，加上淀粉拌匀（图5），放入热油锅内冲炸一下，捞出、沥油。

4 净锅复置火上，加上2大匙清水，放入精盐、番茄酱、白糖和米醋炒至浓稠（图6），倒入炸好的排骨块翻炒均匀（图7），淋上香油，出锅上桌即可。

猪排骨500克，话梅40克，熟芝麻15克

葱段、姜块各15克，八角3个，精盐少许，冰糖、白糖、料酒、生抽、植物油各适量。

1 猪排骨洗净，剁成小块，放入冷水锅内烧沸，焯烫几分钟，捞出排骨块，沥净水分；话梅放入清水中浸泡10分钟，取出。

2 净锅置火上，加上植物油烧热，放入葱段、姜块、八角炝锅，加上清水、猪排骨块、料酒炖40分钟至熟，捞出排骨块。

3 净锅复置火上，加入清水、冰糖、白糖、生抽和精盐烧沸，倒入排骨块和话梅翻炒均匀，撒上熟芝麻，出锅装盘即可。

话梅小排

风味牛仔骨

牛仔骨1大块，时令蔬菜100克

蒜末10克，精盐1/2小匙，白胡椒粉、黑胡椒碎各少许，红酒2大匙，番茄酱、白糖各1大匙，橙汁、植物油各适量

1. 将牛仔骨洗净血污，擦净水分，放在盘内，加上精盐、红酒、白胡椒粉、黑胡椒碎和少许植物油拌匀，腌渍10分钟。
2. 净锅置火上，加入植物油烧热，加入蒜末、黑胡椒碎炒香，加入番茄酱、白糖、橙汁炒至浓稠，出锅成调味汁。
3. 用时令蔬菜摆出盘头；把牛仔骨放入净锅内，用中火煎至熟香，取出，摆在盛有时令蔬菜的盘内，浇上制好的调味汁即可。

酱牛肉卷

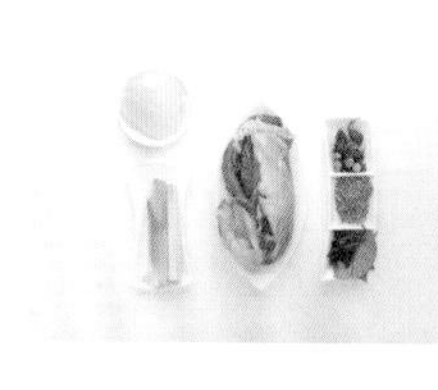

牛腱肉1大块（约1000克）

蒜瓣25克，葱段15克，姜片20克，干红辣椒5克，草果、豆蔻、八角、花椒、桂皮、小茴香各少许，酱油2大匙，黄酱1大匙、精盐1小匙、白糖、米醋、料酒、植物油各适量

1. 用流水洗净牛腱肉表面污物，整块放入凉水锅内（图1），旺火烧沸后，撇去表面的血沫（图2），用中火煮15分钟，捞出、沥水；蒜瓣剁成蒜末，放在小碗内，加上少许酱油和米醋拌匀成蒜汁。

2. 净锅置火上，加上植物油烧热，放入葱段、姜片和干红辣椒炝锅，放入草果、豆蔻、八角、花椒、桂皮、小茴香炒匀（图3）。

3. 倒入适量清水，放入酱油、黄酱、精盐、白糖和料酒烧沸（图4），加入焯烫好的牛腱肉，用小火酱焖1小时至牛腱肉熟嫩（图5），捞出牛腱肉。

4. 保鲜纸放在案板上，摆上酱好的牛腱肉，卷起成牛肉卷（图6），去掉保鲜纸，把牛肉切成片（图7），码放在盘内，淋上蒜汁即可。

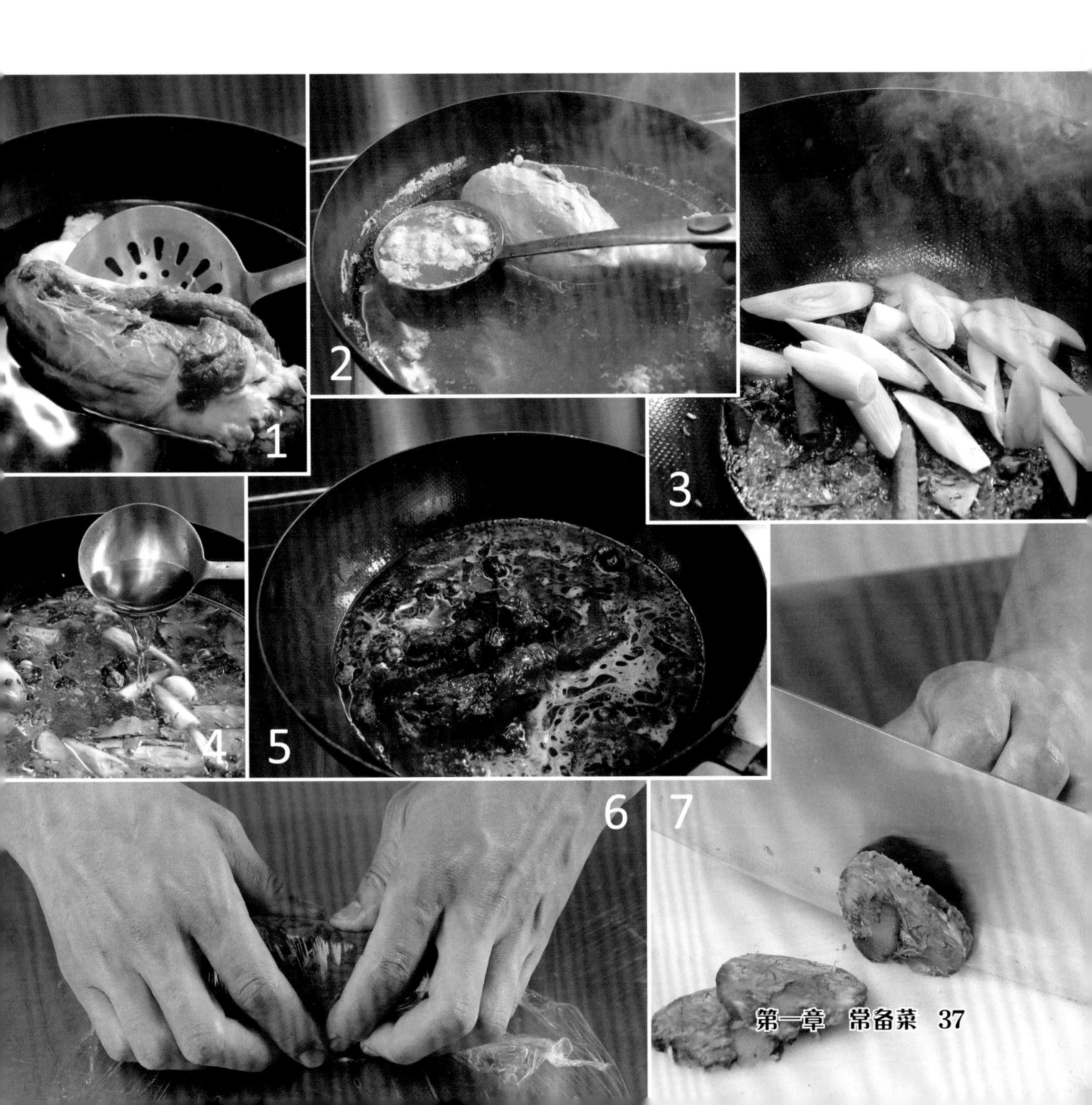

手扒羊肉

羊肉500克，鸡蛋1个

大葱25克，姜块15克，干红辣椒、花椒各5克，八角5个，孜然10克，精盐、白糖各1小匙，老抽、料酒、淀粉、植物油各适量

1 羊肉洗净血污，放入冷水锅内，烧沸后用中火焯烫5分钟，撇去浮沫，捞出羊肉（图1）；大葱去根和老叶，洗净，切成葱段；姜块去皮，切成大片。

2 净锅置火上，加入少量植物油烧热，加入姜片、葱段煸香，倒入清水，加入干红辣椒、花椒、八角、少许孜然烧沸（图2），加上老抽、精盐、白糖、料酒和羊肉，用中火炖煮40分钟至熟（图3），捞出羊肉。

3 将淀粉放入容器内，磕入鸡蛋，加上孜然、少许精盐和清水（图4），搅拌均匀成鸡蛋糊。

4 净锅置火上，倒入植物油烧至四成热，把炖好的羊肉放入调好的鸡蛋糊内裹匀（图5），下入油锅内炸至色泽金黄（图6），捞出，沥油，切成条（图7），码盘上桌即可。

白切羊肉

羊肉500克

大葱、姜块各25克，蒜瓣15克，花椒、干红辣椒、八角各5克，精盐2小匙，酱油、米醋各1大匙，香油1小匙

1 将羊肉去除筋膜，洗净血污；大葱洗净，切成段；姜块去皮，拍碎；蒜瓣去皮，剁成末，加上米醋、酱油、香油拌匀成蒜汁。

2 羊肉放入冷水锅内，加上葱段、姜块、干红辣椒、花椒、八角和精盐烧沸，撇去浮沫，用小火炖1小时至熟，捞出羊肉。

3 将炖好的羊肉凉凉，食用时切成大小均匀的片，码放在盘内，带调好的蒜汁一起上桌蘸食即可。

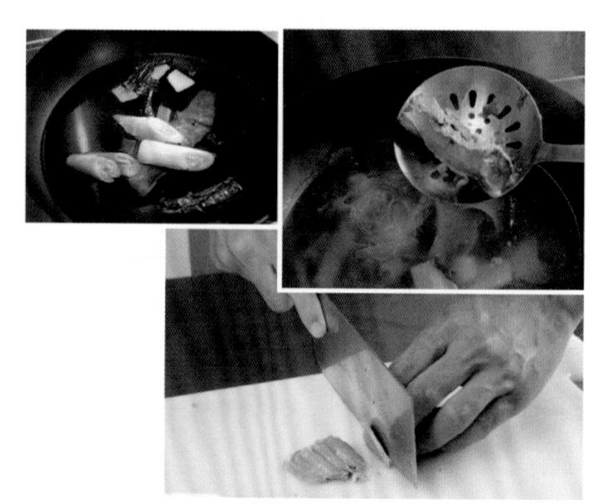

羊肋排500克，香葱花25克，香菜段10克

葱段、姜片、蒜瓣各15克，精盐1小匙，白糖少许，郫县豆瓣酱、酱油、料酒、植物油各1大匙

1. 把羊肋排劈开，剁成6厘米大小的段，放入沸水锅内焯烫5分钟，捞出羊肋排，换清水漂洗干净，沥净水分。
2. 炒锅置火上，放入植物油烧热，加入葱段、姜片和蒜瓣煸炒出香味，加入郫县豆瓣酱和肋排段炒匀并上色，加入清水没过羊肋排段。
3. 加入精盐、白糖、料酒、酱油烧沸，改用小火烧焖40分钟至羊肋排段熟香，用旺火收浓汤汁，撒上香葱花和香菜段即可。

红焖羊排

手撕柴鸡

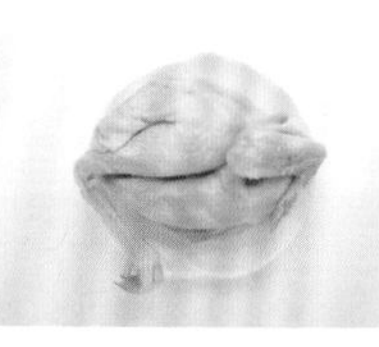

净仔鸡1只（约750克），大米40克

大葱25克，姜块15克，八角3个，桂皮1小块，精盐2小匙，白糖、料酒各1大匙，酱油4小匙，香油1小匙

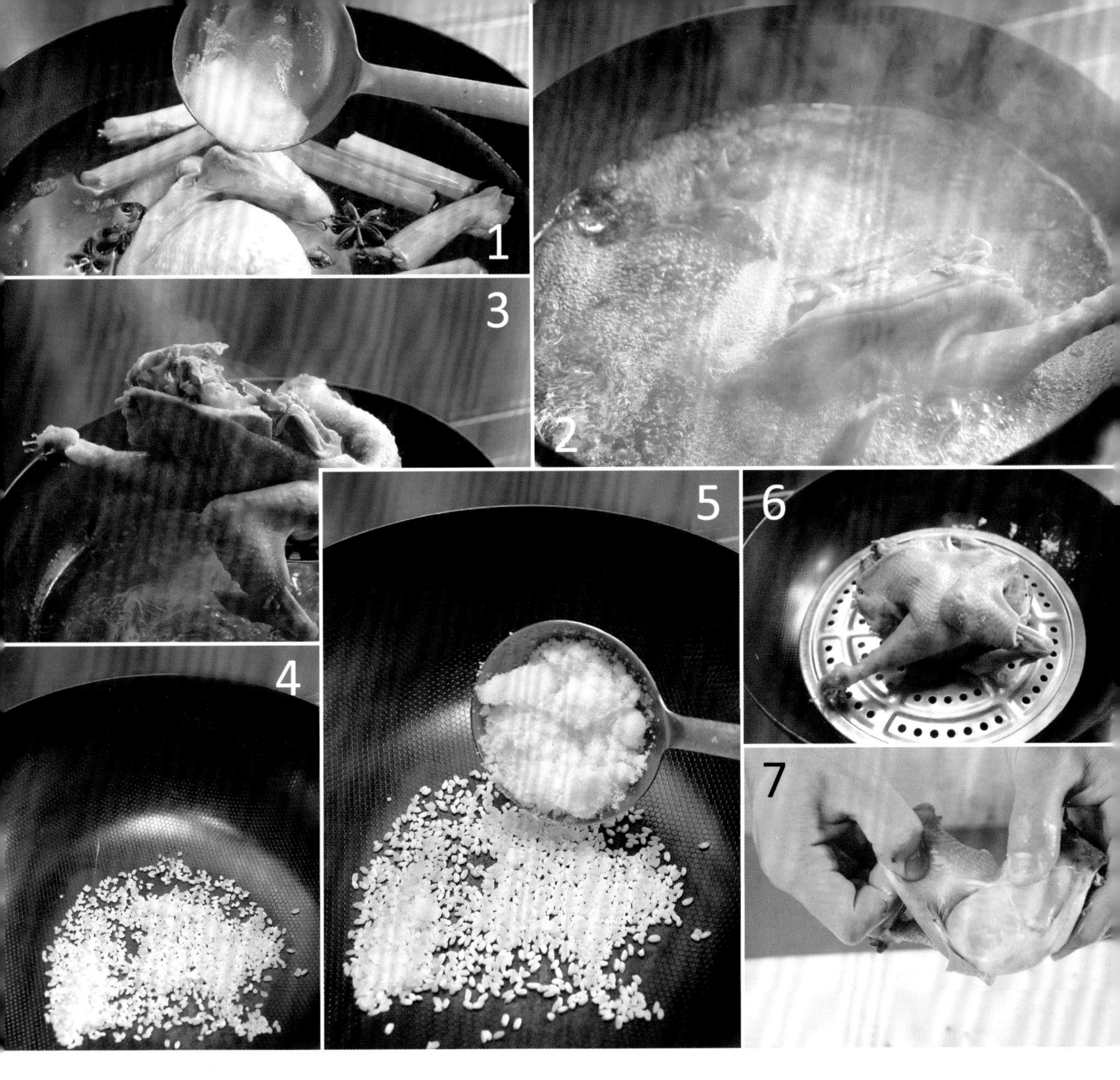

1 把净仔鸡放入清水中浸泡2小时，取出；大葱去根和老叶，切成段；姜块去皮，切成大片。

2 净锅置火上，加入清水，放入葱段、姜片、八角、桂皮烧沸，加入净仔鸡，烹入料酒，加入精盐（图1），放入酱油，用旺火烧沸，转中火煮30分钟（图2）。

3 撇去汤汁表面的浮沫，改用小火焖1小时至仔鸡熟香入味，捞出仔鸡（图3），擦净表面水分。

4 熏锅置火上烧热，加入大米（图4），放入白糖（图5），架上箅子，把仔鸡放在箅子上（图6），加盖熏3分钟，取出仔鸡，涂抹上香油，撕成条块（图7），装盘上桌即可。

鸡胸肉250克，培根片100克，黄瓜、胡萝卜各50克，时令蔬菜少许

百里香3克，精盐、胡椒粉各1/2小匙，白葡萄酒1大匙，黑椒汁2大匙

1 将黄瓜、胡萝卜分别择洗干净，削去外皮，切成细条；鸡胸肉放在大盘中，加入白葡萄酒稍拌（图1），放入百里香、精盐和胡椒粉拌匀（图2），腌渍15分钟。

培根鸡肉卷

2 将腌好的鸡胸肉片成大片(图3),放在案板上,摆上切好的胡萝卜条和黄瓜条(图4),从一侧卷起成鸡肉卷。

3 把培根片放在案板上,摆上鸡肉卷(图5),再把培根片卷起成培根鸡肉卷,放入烧热的扒台上,用中火煎烤至培根鸡肉卷色泽金黄、熟香(图6)。

4 将培根鸡肉卷切成小块(图7),码放在盘内,用时令蔬菜加以点缀,淋上黑椒汁即可。

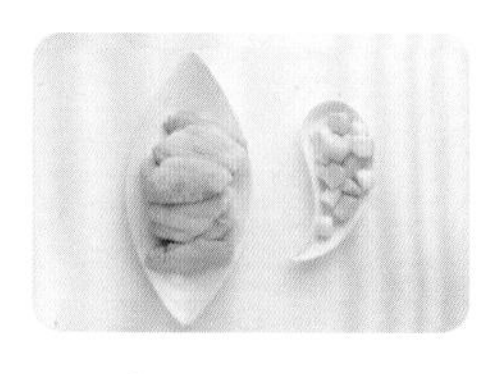

鸡翅500克

蒜瓣40克，葱花15克，姜末10克，精盐1小匙，五香粉1/2小匙，料酒1大匙，植物油适量

1 蒜瓣去皮，剁成蒜末；将鸡翅去除绒毛，洗净血污，擦净水分，在表面剞上一字刀，再用牙签扎几下，便于鸡翅入味。

2 将鸡翅放入容器内，加入葱花、姜末和蒜末拌匀，放入精盐、五香粉、料酒和少许清水搅拌均匀，腌渍60分钟。

3 炒锅置火上，倒入植物油烧至六成热，加入鸡翅，用中火炸至色泽金黄、鸡翅熟香，捞出、沥油，码盘上桌即可。

蒜香鸡翅

葱油鸡翅

鸡翅400克，香葱50克

姜块15克，精盐1小匙，料酒1大匙，植物油2大匙

1 鸡翅洗净，在每个鸡翅上分别剞上一字刀，放在大碗内，加入精盐、料酒拌匀，腌渍15分钟；姜块洗净，切成片。

2 把香葱去根和老叶，洗净，切碎，放在小碗内，淋上烧至九成热的植物油烫出香味，加上少许精盐拌匀成葱油。

3 把腌渍好的鸡翅放入净锅内，加入清水、姜片煮约25分钟至熟，捞出鸡翅，码放在盘内，淋上葱油即可。

豆豉凤爪

鸡爪（凤爪）500克，红尖椒、香葱各15克

豆豉25克，蒜瓣15克，精盐1小匙，蚝油4小匙，生抽1/2大匙，料酒1大匙，白糖、植物油各少许

1 把鸡爪漂洗干净，沥净水分，先剁去爪尖（图1），再剁去鸡爪的腿骨（图2），放在大碗内，先加上蚝油（图3），再放入精盐、料酒搅拌均匀（图4），腌渍30分钟。

2 红尖椒去蒂、去籽，洗净，切成碎粒；蒜瓣去皮，洗净，剁成蒜末；香葱去根，洗净，切成香葱花。

3 将腌渍好的鸡爪放入盘中，再放入蒸锅内，用旺火、沸水蒸30分钟至熟（图5），取出鸡爪。

4 炒锅置火上，放入植物油烧至五成热，加入蒜末、豆豉煸炒出香味，放入蒸好的鸡爪（图6），加入生抽和白糖，用中火烧至汤汁黏稠（图7），出锅装盘，撒上红尖椒粒、香葱花即可。

姜母鸭

鸭子半只，青椒、红椒各50克，香葱15克

老姜1块，葱段5克，蒜瓣5瓣，八角5个，精盐1小匙，白糖、水淀粉、老抽、料酒各1大匙，植物油适量

1 老姜削去外皮，切成大片（图1）；将鸭子洗净血污，沥净水分，改刀剁成块（图2），放入冷水锅内煮沸，撇去浮沫（图3），用旺火焯煮10分钟，捞出，沥水。

2 把青椒、红椒分别去蒂、去籽，洗净，切成菱形小块；香葱去根和老叶，切成香葱花。

3 炒锅置火上，加入植物油烧至六成热，放入八角、蒜瓣、葱段煸出香味，放入鸭块翻炒均匀，烹入料酒，加入老抽炒上颜色（图4），倒入适量的清水没过鸭块（图5）。

4 放入老姜片、精盐、白糖烧焖10分钟（图6），加上青椒块、红椒块，用水淀粉勾芡（图7），撒上香葱花，出锅上桌即成。

盐水鸭腿

鸭腿500克，香葱25克，红尖椒15克

大葱叶25克，蒜瓣15克，姜块10克，八角3个，干红辣椒3克，精盐1大匙，料酒2大匙，花椒油2小匙

1. 鸭腿收拾干净；大葱叶打成葱结；红尖椒去蒂、去籽，切成小粒；香葱去根，洗净，切成香葱花；姜块去皮，切成片。
2. 净锅置火上烧热，倒入清水，加入大葱结、蒜瓣、八角、姜片、精盐、料酒和干红辣椒煮至沸，放入鸭腿。
3. 用中火煮约40分钟至鸭腿熟嫩，捞出、沥水，凉凉，剁成条，码放在盘内，淋上花椒油，撒上红尖椒粒和香葱花即可。

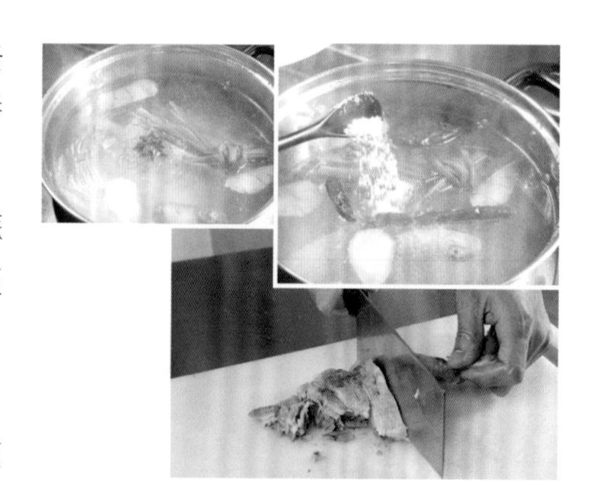

白条鸭400克，杭椒、小米椒各25克，熟芝麻10克

蒜瓣、姜块各10克，八角、桂皮、干红辣椒各少许，豆瓣酱、料酒、白糖、植物油各适量

1 杭椒、小米椒分别洗净，切成碎粒；白条鸭洗净，先剁成长条，再斩成块；蒜瓣去皮、拍碎；姜块去皮，切成大片。

2 炒锅置火上，倒入冷水，放入鸭块烧沸，用中火焯烫5分钟，捞出鸭块，用清水漂洗干净，沥净水分。

3 锅内加上植物油烧热，加入蒜瓣、姜片、八角、桂皮、干红辣椒、豆瓣酱煸炒出香味，加入清水、料酒、白糖和鸭块炖20分钟，撒上杭椒碎、小米椒碎和熟芝麻，出锅上桌即可。

香辣鸭

干炸带鱼

鲜带鱼500克

花椒10克，大葱25克，姜块15克，孜然粉、辣椒粉各2小匙，精盐1小匙，料酒1大匙，生抽少许，植物油适量

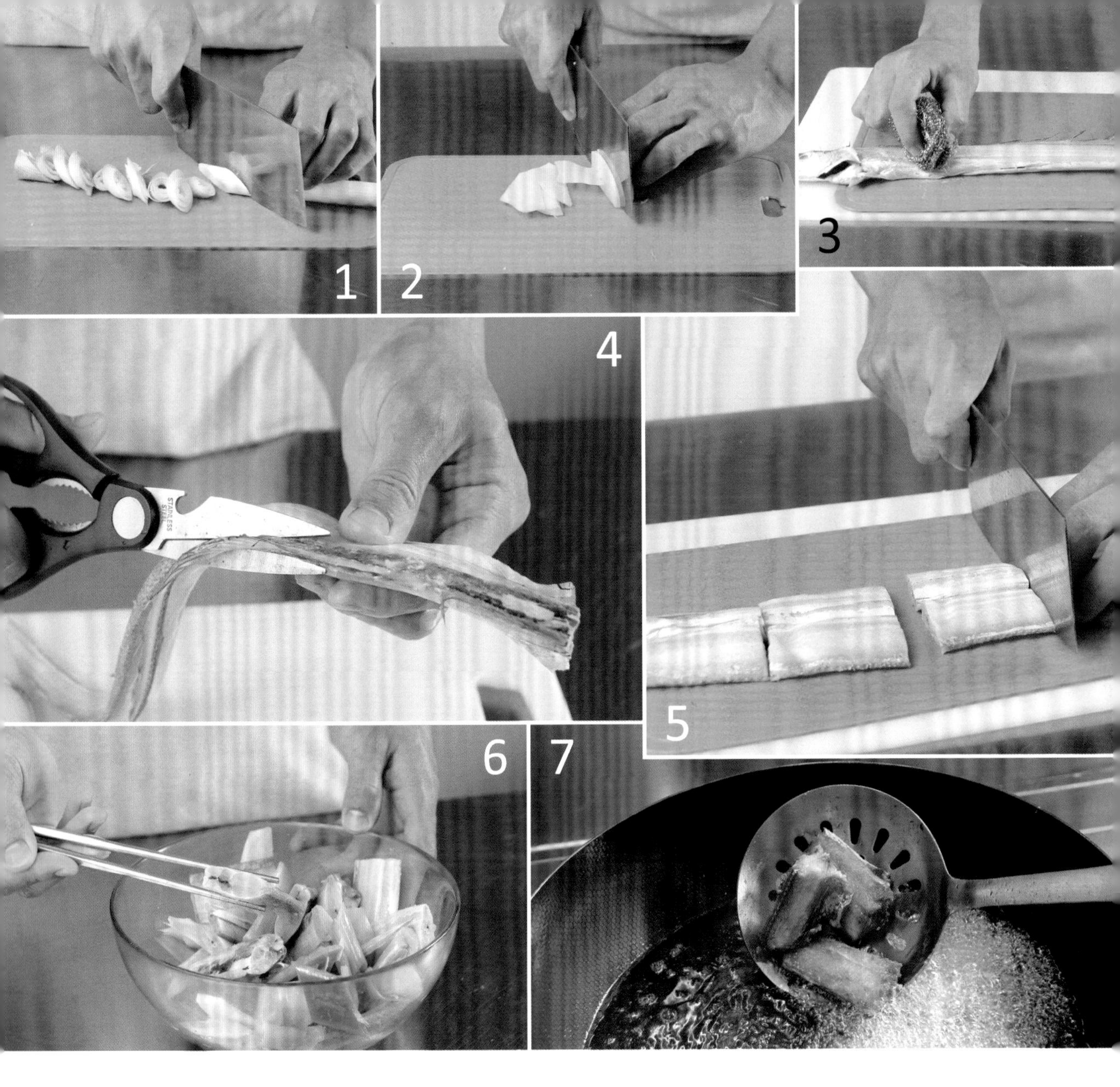

1 大葱去根和老叶，洗净，切成小段（图1）；姜块去皮，洗净，切成片（图2）；花椒放入烧热的净锅内煸炒2分钟，捞出花椒，凉凉，擀压成碎末，加上孜然粉、辣椒粉拌匀成蘸料。

2 鲜带鱼放在案板上，刷去带鱼表面的杂质（图3），剁去鱼头，剪去鱼鳍（图4），去掉内脏和黑膜，切成大小均匀的块（图5）。

3 把带鱼块放在容器内，加上葱段、姜片、精盐、料酒和生抽拌匀（图6），腌渍15分钟。

4 净锅置火上，放入植物油烧至六成热，逐块放入带鱼，先用中火炸至熟，捞出，待锅内油温升至七成热时，再倒入带鱼块炸至色泽金黄、酥脆（图7），捞出，码放在盘内，带蘸料一起上桌即可。

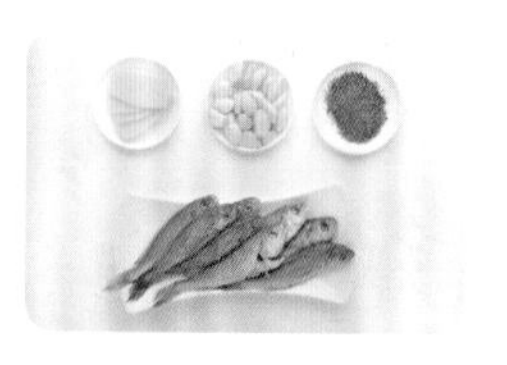

小黄鱼400克

大葱、姜块各15克，花椒3克，精盐1小匙，料酒、生抽、椒盐各1大匙，植物油2大匙

1 将小黄鱼刮净鱼鳞，去掉鱼鳃，剖开鱼腹，去掉内脏和杂质，用清水漂洗干净，沥净水分；大葱洗净，切成段；姜块去皮，切成片。

2 把小黄鱼放在容器内，加上葱段、姜片、花椒、料酒、精盐、生抽拌匀，腌渍15分钟，取出小黄鱼，沥净水分。

3 净锅置火上，加入植物油烧至五成热，放入小黄鱼，用中火煎至小黄鱼两面色泽金黄、熟脆，码放在盘内，撒上椒盐即可。

香煎小黄鱼

凉拌海蜇头

水发海蜇头400克

蒜瓣15克，大葱10克，精盐1小匙，料酒1大匙，米醋2大匙，生抽2小匙，香油、花椒油各少许

1. 将蒜瓣剥去外皮，切成蒜片；大葱洗净，切成小段；水发海蜇头漂洗干净，放在容器内，加上清水揉搓均匀，捞出。
2. 净锅置火上，加入清水、葱段和料酒烧煮至微沸，倒入水发海蜇头，快速焯烫一下，捞出，过凉，沥水，片成小片。
3. 将水发海蜇头放在容器内，加入蒜片、精盐、米醋、生抽拌匀，放入香油、花椒油搅拌均匀，装盘上桌即可。

DIET SCIENCE
饮食科学

第二章

早午餐

皮蛋瘦肉粥

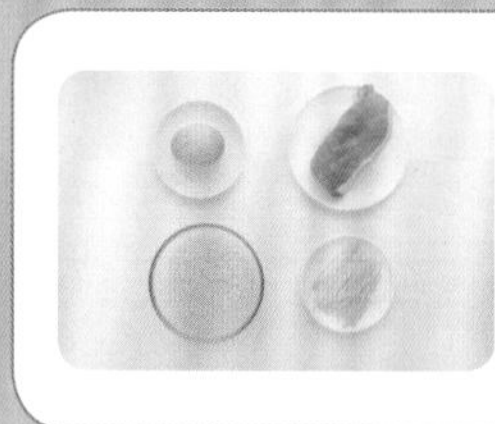

大米100克，猪瘦肉125克，香葱15克，皮蛋1个

姜块15克，精盐1小匙，香油少许

1. 将大米淘洗干净，放在大碗中，放入清水浸泡30分钟（图1）；姜块去皮，洗净，切成细丝（图2）；皮蛋刷洗干净，放入蒸锅内蒸5分钟，取出皮蛋，剥去外壳，切成小块（图3）。

2. 猪瘦肉浸泡出血水，再冲洗干净，沥净水分，去掉筋膜，先切成薄片，再切成细丝（图4）；香葱择洗干净，切成香葱花。

3. 把大米捞出，倒入锅内，倒入适量的清水（水量约为平时煮饭时的2倍），盖上锅盖，用小火熬煮15分钟至米粥近熟（图5），加入猪瘦肉丝和姜丝煮至熟。

4. 加上精盐调好口味，放入皮蛋块煮1分钟（图6），用手勺不断搅动，放入香油搅匀，出锅倒在大碗内（图7），撒上香葱花即可。

南瓜燕麦粥

南瓜300克，燕麦100克

白糖2大匙

1 将燕麦淘洗干净，放在干净容器内，加入清水浸泡2小时。

2 将南瓜洗净，切去瓜蒂，把南瓜切开，削去外皮，去掉瓜瓤，换清水洗净，沥净水分，切成大小均匀的滚刀块。

3 净锅置火上，加入冷水，倒入浸泡好的燕麦，先用旺火煮沸，改小火煮约30分钟，放入南瓜块煮10分钟至浓稠，加上白糖搅拌均匀，出锅上桌即可。

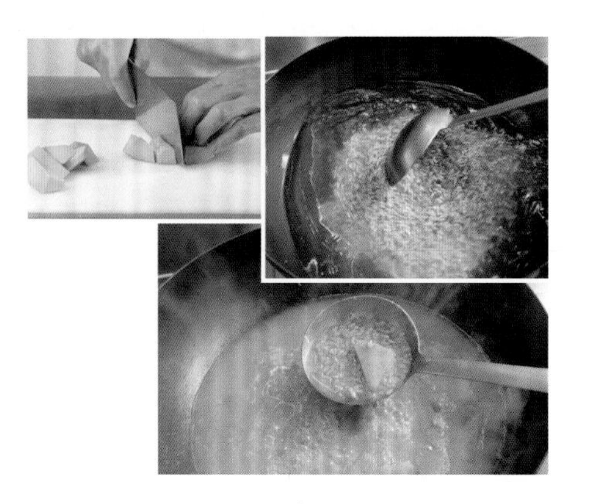

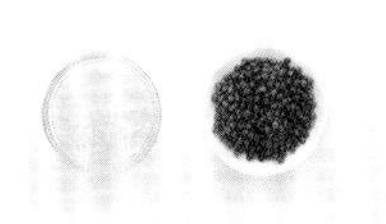

红豆75克，大米50克

冰糖3大匙

1 将红豆淘洗干净，放在容器内，加入清水浸泡4小时；大米淘洗干净，放在另一容器内，倒入清水浸泡30分钟。

2 净锅置火上，放入足量的清水，加入淘洗好的红豆，用旺火烧煮至沸，撇去浮沫，改用小火熬煮20分钟。

3 倒入大米，继续用小火熬煮30分钟至豆熟、米烂，加入冰糖，改用旺火熬煮至浓稠，出锅上桌即可。

红豆粥

土豆饼

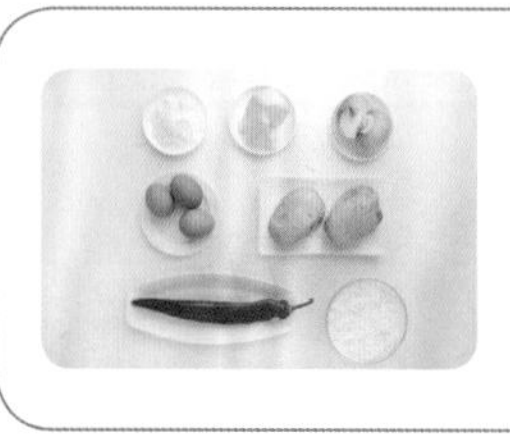

土豆300克，面粉150克，青尖椒、红尖椒、洋葱各50克，鸡蛋3个

黄油1大块，精盐1小匙，白糖2小匙，植物油适量

1 土豆洗净，削去外皮，用礤丝器擦成细丝（图1），放入淡盐水中浸泡片刻，捞出，沥净水分；洋葱剥去外层老皮，先切成两半，再切成细丝（图2）。

2 红尖椒去蒂、去籽，洗净，切成碎粒（图3）；青尖椒去蒂、去籽，洗净，也切成粒。

3 将土豆丝、洋葱丝、黄油块、红尖椒粒和青尖椒粒放在容器内（图4），加上精盐、白糖和面粉，磕入鸡蛋搅拌均匀（图5），加入少许清水拌匀成浓糊（图6）。

4 平底锅置火上，倒入植物油烧至五成热，取适量搅拌好的浓糊（图7），倒入锅内煎至熟香，出锅上桌即可。

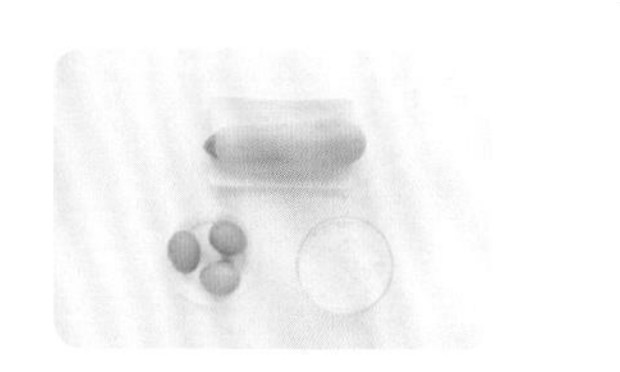

西葫芦、面粉各250克，胡萝卜50克，鸡蛋2个

精盐1小匙，五香粉1/2小匙，植物油适量

1 胡萝卜去根，削去外皮，切成细丝；西葫芦洗净，去掉瓜瓤，擦成细丝，加上少许精盐腌出水分，攥净。

2 将西葫芦丝、胡萝卜丝放在容器内，磕入鸡蛋，加上精盐、五香粉搅拌均匀，倒入少许清水，加入面粉搅拌成西葫芦面糊。

3 平底锅置火上，刷上一层植物油并烧热，倒入西葫芦面糊摊平成薄饼，用中火煎至两面熟香，出锅上桌即可。

糊塌子

核桃酥

低筋面粉	400克	鸡蛋	1个
核桃仁	50克	白糖	75克
泡打粉	5克	熟猪油	100克
小苏打	少许	奶油	适量

1. 把奶油和白糖倒入容器内，用打蛋器打发，磕入鸡蛋搅拌均匀，加入低筋面粉、小苏打、泡打粉和熟猪油，揉搓均匀成面团。
2. 面团盖上湿布，稍饧30分钟，做成每个重15克的小面剂，放在案板上按扁，在上面放入一个核桃仁，压实成核桃酥生坯。
3. 把核桃酥生坯码放在烤盘上，再把烤盘放进烤箱内，用上火180℃、下火150℃烘烤20分钟至金黄酥香，出锅上桌即可。

南瓜饼

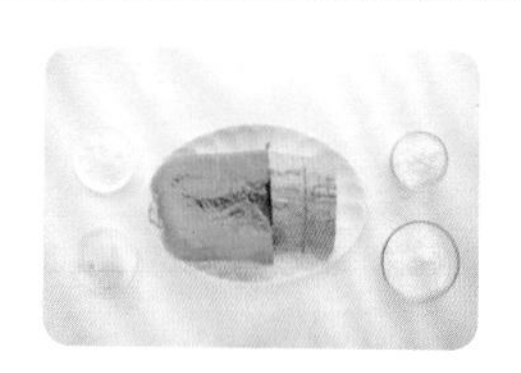

南瓜750克，面包糠200克，面粉150克，淀粉100克

奶油75克，白糖2大匙，植物油适量

1 南瓜削去外皮，去掉南瓜瓤（图1），洗净，切成大片，放在容器中，放入蒸锅内（图2），用旺火、沸水蒸20分钟至熟，取出、凉凉，搅拌成南瓜蓉（图3）。

2 将面粉、淀粉放在容器内，加上白糖、奶油拌匀，加入适量的清水搅拌均匀（图4）。

3 加入制作好的南瓜蓉搅拌均匀成面团，放在案板上揉搓均匀（图5），制成每个重25克的面剂，压成直径6厘米大小的圆饼。

4 将圆饼生坯放在大盘上，撒上面包糠并轻轻按压均匀成南瓜饼生坯（图6），放入烧至五成热的油锅内炸至色泽金黄（图7），捞出、沥油，码盘上桌即可。

芝士玉米糕

玉米粉250克，黄油（室温）40克，巴马芝士（磨碎）20克

精盐1/2小匙，白糖2大匙

1 平底锅置火上烧热，加入适量清水和精盐烧沸，转用小火保持温度，慢慢加入玉米粉并不停搅拌均匀。

2 用中火熬煮15分钟至汤水不再黏稠，放入黄油，加入巴马芝士和白糖搅拌均匀成芝士玉米糕，倒在器皿内。

3 将盛有芝士玉米糕的器皿放入冰箱中冷藏，食用时取出，倒出芝士玉米糕，切成大块，装盘上桌即可。

低筋面粉……………………250克
花生碎…………………………50克
鸡蛋清…………………………1个
白糖……………………………75克
奶油……………………………50克
小苏打…………………………2克
泡打粉…………………………3克

1. 先把奶油和白糖放入容器中打发，加入鸡蛋清搅匀，再加入低筋面粉、泡打粉、小苏打、花生碎慢慢搅匀成面团。
2. 把面团盖上湿布，稍饧30分钟，放在案板上，搓成长条形面棍，放进冰箱中，冷冻2小时后取出。
3. 把面棍切成厚片，摆入烤盘中，再把烤盘放入烤箱，用上火180℃、下火150℃烘烤15分钟至熟香，取出上桌即可。

家常花生酥

高筋面粉……………600克	精盐…………………2小匙
豆沙馅………………200克	白砂糖………………250克
芝麻…………………100克	奶粉…………………25克
酵母…………………10克	奶油…………………125克
鸡蛋……………………4个	

1 取一半的高筋面粉，放在容器内，加入酵母搅拌均匀，磕入鸡蛋（图1），加入少许清水，慢慢搅拌均匀，揉搓成比较光滑的面团（图2），放入发酵箱中发酵40分钟成发酵面团。

豆沙圈

2. 把另一半的高筋面粉放在容器内，加入白砂糖、精盐、奶粉和清水搅拌均匀，倒入发酵面团搅拌均匀，再加入奶油揉搓均匀（图3），松弛10分钟。

3. 松弛好的面团分成大小合适的小面团，分别按扁，放入豆沙馅，包成圆球，再用擀面杖把圆球擀成长片（图4），用刀片在长面片的一头划开长条口子（图5），然后反过来卷成圆圈（图6）。

4. 把圆圈放入烤盘内发酵（图7），刷上少许鸡蛋液，撒上芝麻，放入烤箱内，用上火180℃、下火150℃烘烤15分钟即可。

原味蛋糕卷

低筋面粉	250克
鸡蛋	10个
白糖	100克
塔塔粉	5克
果酱	适量
植物油	2大匙

1. 鸡蛋磕入容器中，把鸡蛋清和鸡蛋黄分开，在鸡蛋清碗内加上白糖和塔塔粉搅匀并打发成蛋清糊。
2. 植物油和少许清水倒入盆中，加入低筋面粉搅匀，再加入鸡蛋黄搅拌均匀成蛋黄糊，加入蛋清糊，充分搅拌均匀成面糊。
3. 把面糊倒入烤盘中并铺平，放入烤箱内，用中火烤20分钟，取出，抹上果酱，卷起成蛋糕卷，切成厚薄均匀的小块，装盘上桌即可。

低筋面粉	250克
抹茶粉	5克
鸡蛋	5个
白砂糖	50克
塔塔粉	3克
奶油	1大匙
牛奶	2大匙
液态酥油	15克
植物油	少许

1. 鸡蛋磕入容器中，把鸡蛋清和鸡蛋黄分开，在鸡蛋清中加入白砂糖和塔塔粉搅匀，并打发成蛋清糊。
2. 牛奶、奶油、液态酥油和植物油倒入盆中，加入低筋面粉和鸡蛋黄搅匀成蛋黄糊，再加入蛋清糊、抹茶粉充分搅拌均匀成浓糊。
3. 把浓糊倒在烤盘中并抹平，放进烤箱中烤至熟，取出成蛋糕，用擀面杖将蛋糕压平并卷起来，切成厚薄均匀的块，直接上桌即可。

抹茶蛋糕卷

豆沙面包

高筋面粉、低筋面粉各400克，豆沙馅250克，酵母10克，面包改良剂少许，鸡蛋2个

牛奶250克，白糖3大匙，黄油100克

1 将高筋面粉、低筋面粉、酵母、面包改良剂、牛奶、白糖和黄油倒入和面机中，磕入鸡蛋（图1），再加入适量的清水，用中速搅拌均匀成面团（图2）。

2 把面团盖上湿布，置于28℃的环境中饧发（约90分钟），把面团放在案板上搓揉均匀，下成每个50克重的小面剂（图3），把面剂擀成长方形。

3 长方形面片上抹匀一层豆沙馅（图4），卷成长条状（图5），用刀从中间割开，再卷成花形（图6），放入纸杯中成豆沙面包生坯。

4 把豆沙面包生坯饧发45分钟，放入烤箱中（图7），以上火200℃、下火180℃烘烤20分钟至熟香，取出装盘即可。

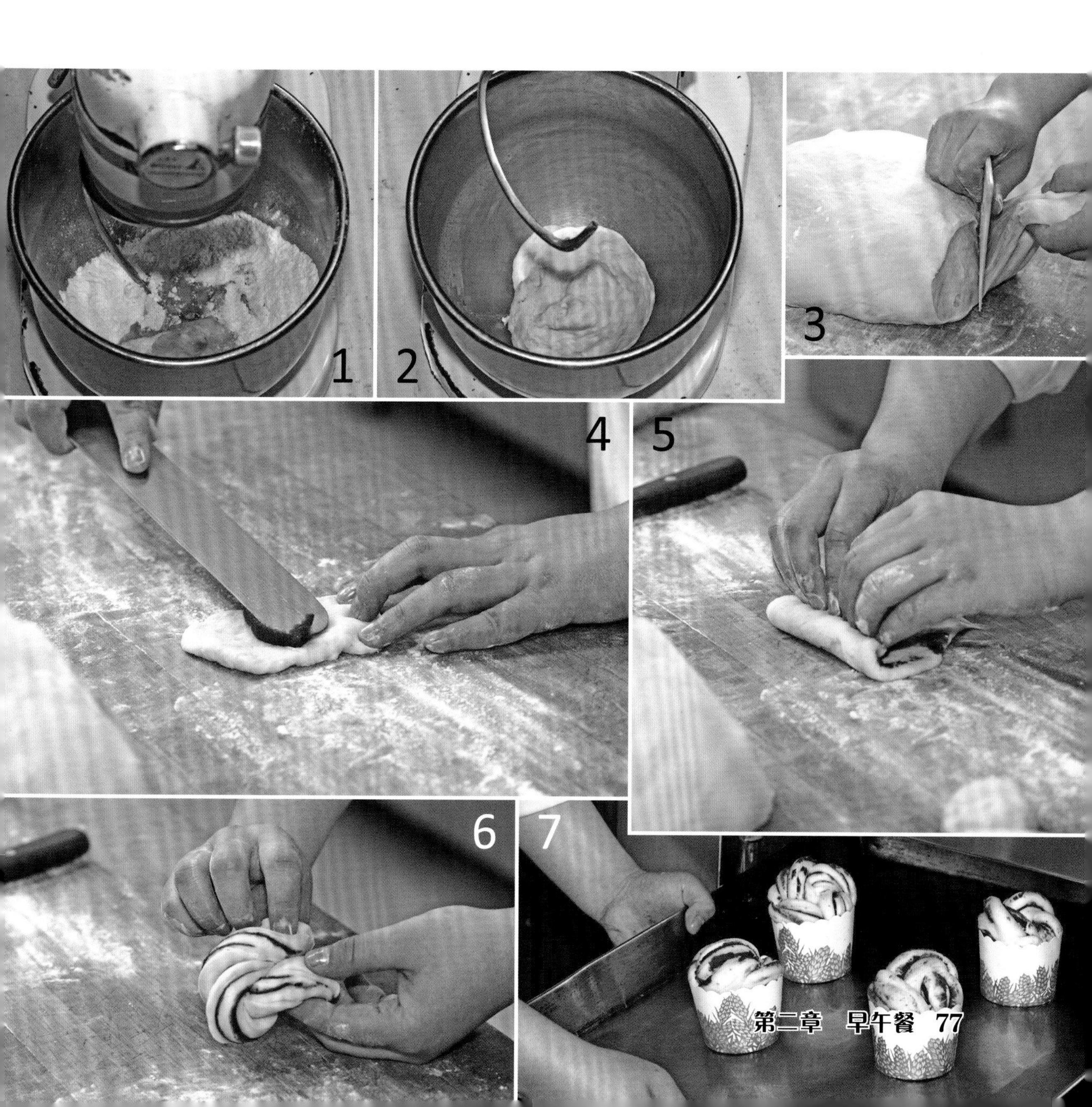

面粉……………………200克
玉米粉…………………150克
鸡蛋………………………1个
绿茶叶……………………少许
苏打粉……………1/2小匙
牛奶……………………100克
蜂蜜…………………1大匙
植物油……………………适量

1. 玉米粉加上少许温水调拌均匀成稀糊；面粉放入盆中，磕入鸡蛋，加入牛奶、苏打粉、植物油调匀，加入玉米糊拌匀成奶香粉糊。
2. 平底锅置火上烧热，舀入少许奶香粉糊，撒上少许泡好的绿茶叶，用小火煎至两面呈金黄色时，取出，装入盘中一侧。
3. 平底锅内再舀入适量奶香粉糊煎至色泽金黄，取出，装入盘中另一侧，浇淋上蜂蜜，直接上桌即可。

奶香松饼

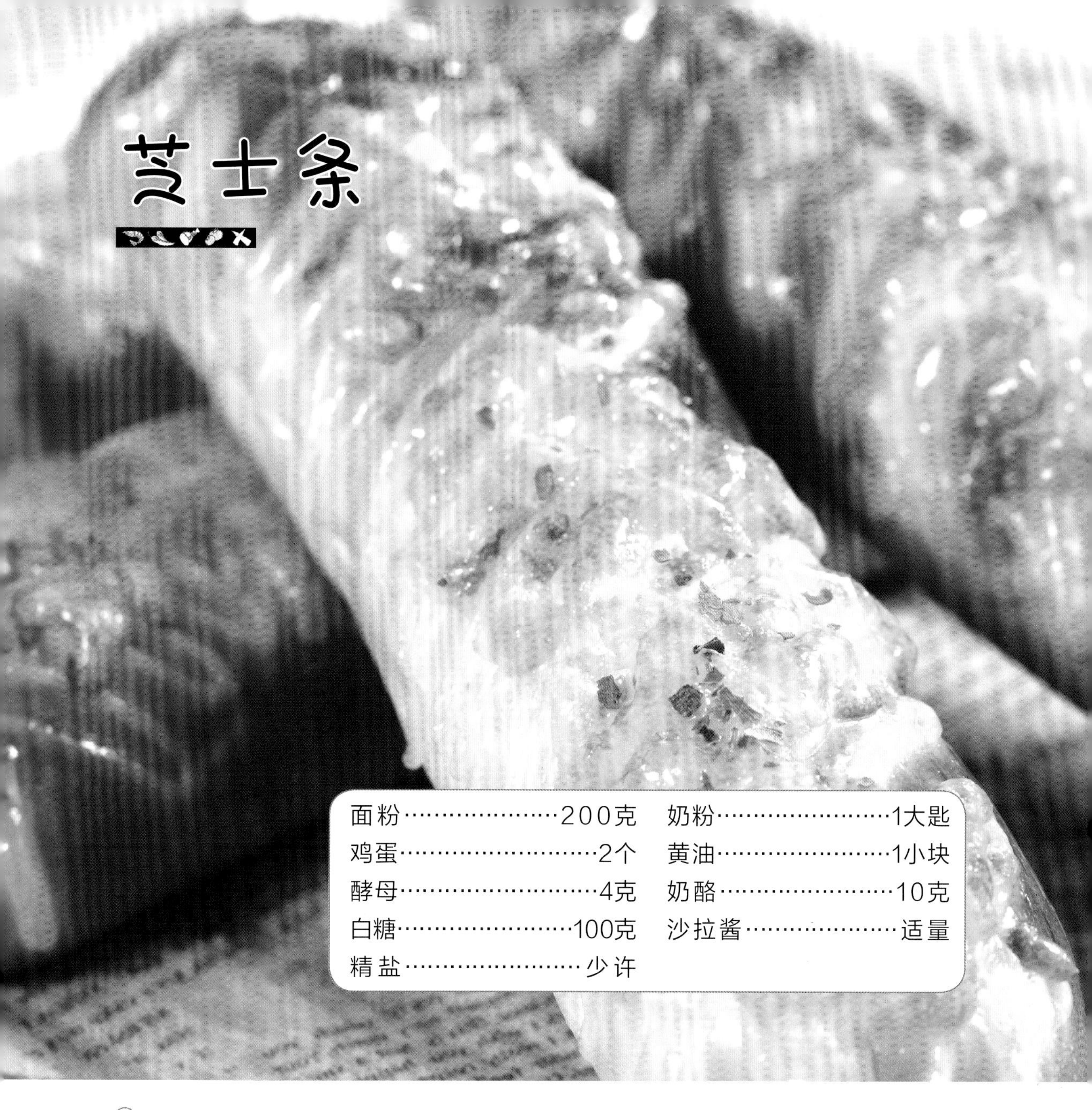

芝士条

面粉…………………200克
鸡蛋……………………2个
酵母……………………4克
白糖…………………100克
精盐………………… 少许
奶粉……………………1大匙
黄油……………………1小块
奶酪……………………10克
沙拉酱…………………适量

1. 面粉、酵母、白糖、精盐、奶粉倒入容器中，磕入鸡蛋，加入清水搅拌成光滑的面团，加入黄油揉匀，用塑料薄膜盖住，饧发10分钟。
2. 把面团分成每个约60克的小面团，分别擀成长约8厘米的条形，再从一头卷至另一头，然后用手搓成长条，饧发40分钟。
3. 小面团放进烤盘，表面均匀地刷上少许鸡蛋液，淋上沙拉酱，撒上切成小碎块的奶酪，放入烤箱，用上火210℃、下火160℃烘烤12分钟即可。

提子吐司

高筋面粉	600克	精盐	1小匙
提子干	100克	白糖	1大匙
酵母	5克	奶粉	2大匙
鸡蛋	2个	奶油	3大匙

1 把高筋面粉300克和酵母放入小盆中搅拌均匀（图1），磕入鸡蛋（图2），加入少许清水搅拌均匀成光滑的面团，放入发酵箱内，发酵30分钟成发酵面团。

2 把高筋面粉300克放入小盆中，加上精盐、白糖、奶粉搅拌均匀（图3），再放入发酵面团搅拌均匀至面团表面光滑、透明（图4），加入奶油搅拌均匀，松弛10分钟。

3 面团松弛后，切成每个约300克的面团，把面团擀成大片（图5），均匀地撒上提子干，从一侧卷起成卷（图6）。

4 把卷好的面团放入模具中（图7），再放入发酵箱中发酵40分钟，在面团表面刷上少许鸡蛋液，盖上模具盖，放入烤箱中，用上火190℃、下火210℃烘烤30分钟即可。

核桃紫米黑豆浆

紫米…………50克
黑豆…………40克
核桃仁………适量

1 黑豆放入清水中浸泡6小时；紫米淘洗干净，放入盆中，加入适量清水浸泡4小时；核桃仁洗净，沥去水分。

2 把泡好的黑豆、紫米、核桃仁放入全自动豆浆机中，再倒入泡紫米的水打成豆浆，倒入杯中即可。

土豆（马铃薯）···150克
红薯··············100克
黄豆··············50克

双薯豆浆

1 黄豆用清水淘洗干净，放入容器内，加上清水浸泡6小时。

2 把土豆洗净，削去外皮，切成2厘米大小的块；红薯洗净，削去外皮，也切成小块。

3 把黄豆、土豆块、红薯块放入全自动豆浆机中，加入适量清水打成豆浆，取出，倒在小碗内即可。

黑米、粳米…各40克
杭白菊…………10克
枸杞子…………5克

菊花枸杞黑米糊

1. 黑米淘洗干净，放在容器内，加入清水浸泡6小时；粳米淘洗干净，放入清水中浸泡30分钟。
2. 杭白菊放入茶壶中，加入沸水泡15分钟；枸杞子洗净。
3. 黑米、粳米、杭白菊和枸杞子放入全自动豆浆机中，按下豆浆机上的“米糊”键打成米糊，盛入大碗中即可。

百合莲子银耳糊

糯米…………40克
百合、莲子…各20克
银耳……………10克
白糖……………适量

1 百合清洗干净，放入清水中浸泡1小时；莲子去掉莲子心，放入清水中浸泡2小时；糯米淘洗干净，浸泡4小时。

2 银耳用清水浸泡至涨发，去掉菌蒂，撕成小块，再换清水洗净。

3 糯米、百合、莲子、银耳和清水放入全自动豆浆机中，按下豆浆机上的“米糊”键打成米糊，加上白糖拌匀即可。

胡萝卜汁

胡萝卜……400克
矿泉水…500毫升
白糖………1大匙

1 将胡萝卜去掉菜根，刷洗干净，沥净水分，削去外皮，先顺长切成四条，再切成小块。

2 把胡萝卜块放入榨汁机中，加入矿泉水和白糖榨取胡萝卜汁，取出，倒在杯中即可。

嫩玉米………1个
矿泉水…500毫升
蜂蜜………1大匙

玉米汁

1. 将嫩玉米剥去外皮，用清水浸泡并洗净，放入沸水锅内煮至熟，捞出嫩玉米，凉凉。
2. 嫩玉米剥取玉米粒，再放入大碗中洗净，捞出、沥水。
3. 将玉米粒倒入榨汁机中，加入矿泉水和蜂蜜榨取玉米汁，取出玉米汁，倒在杯中即可。

蛋蔬年糕

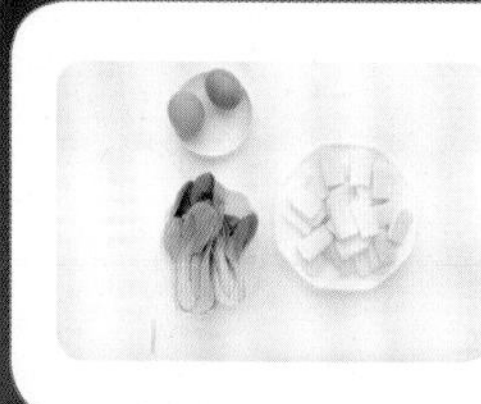

年糕片250克，油菜100克，胡萝卜25克，鸡蛋2个

姜块、蒜瓣各5克，精盐1小匙，酱油、生抽各2小匙，香油少许，植物油2大匙

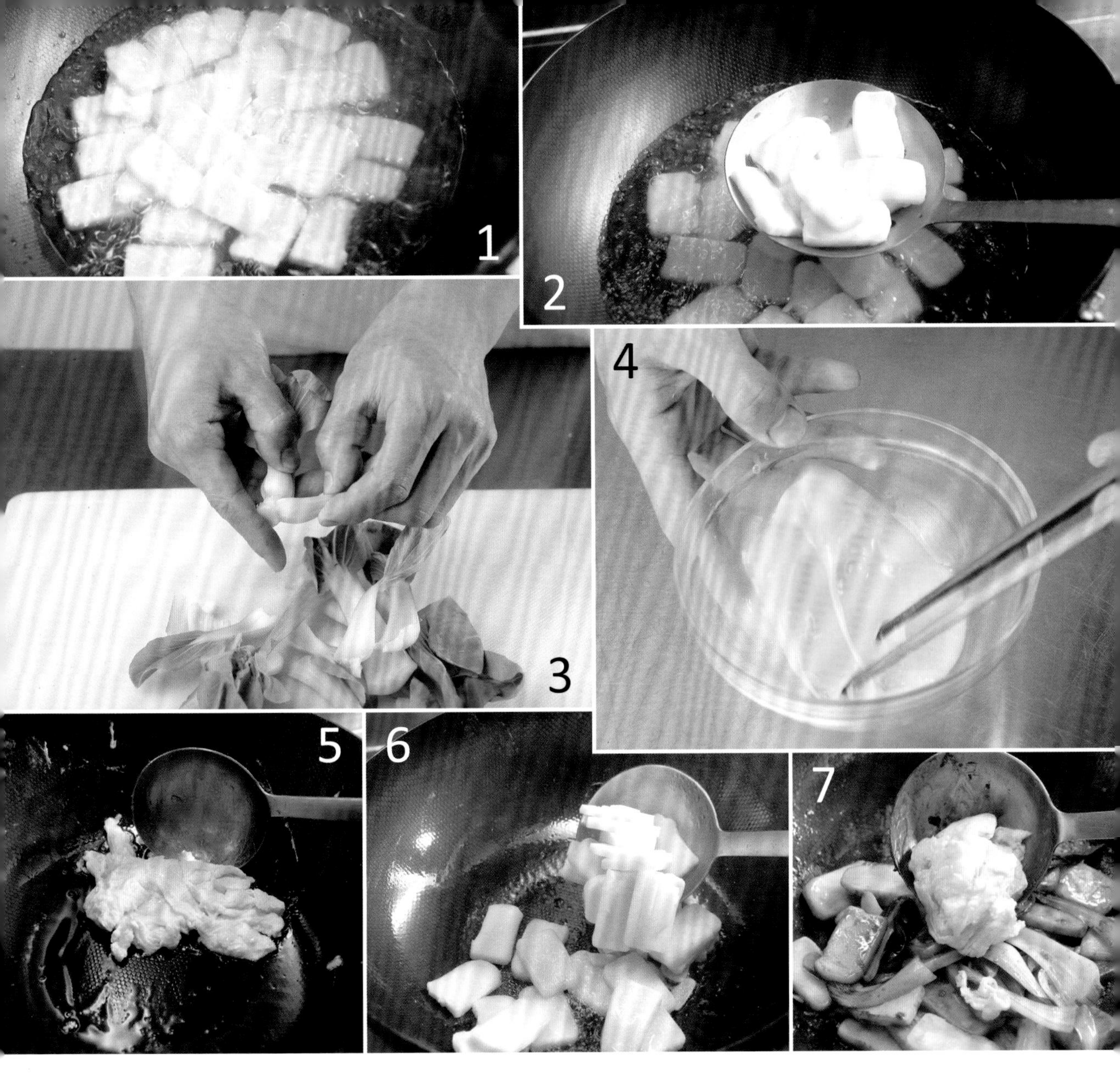

1 净锅置火上，加入清水和少许精盐，倒入年糕片（图1），烧沸后用中火煮3分钟，捞出年糕片（图2），过凉，沥净水分；胡萝卜去皮，洗净，切成片。

2 将油菜去根和老叶，洗净，取净油菜心（图3）；姜块去皮，洗净，切成小片；蒜瓣去皮，切成蒜片；鸡蛋磕在碗内，搅打成鸡蛋液（图4），倒入热油锅内煸炒至熟（图5），取出。

3 净锅置火上，加上植物油烧至六成热，放入姜片、蒜片炝锅出香味，倒入年糕片翻炒均匀（图6），加入油菜心、胡萝卜片炒至熟。

4 加上精盐、酱油、生抽调好菜肴口味，倒入炒熟的鸡蛋稍炒片刻（图7），淋上香油，出锅装盘即可。

香菇300克

淀粉2大匙，精盐1小匙，花椒粉1/2小匙，植物油适量

1 香菇洗净，去掉菌蒂，顶刀切成厚片，放入清水锅内，加上精盐焯烫2分钟，捞出。

2 将焯烫好的香菇片放置在干净的布上吸干水分，再把香菇片放入大盘中，撒上淀粉和花椒粉拌匀。

3 炒锅置火上，放入植物油烧至六成热，倒入香菇片炸至表皮金黄，捞出香菇片，沥油，装盘上桌即可。

酥脆香菇

香甜玉米粒

玉米粒（罐头）300克，胡萝卜25克

精盐1/2小匙，五香粉少许，白糖1大匙，淀粉、面粉各2大匙，植物油适量

1 取出玉米粒，沥净水分；胡萝卜去皮，洗净，切成小丁；精盐、淀粉、五香粉、面粉和白糖放在容器内，搅拌均匀成粉料。

2 把玉米粒、胡萝卜丁放在容器内，倒入调拌好的粉料，充分搅拌均匀。

3 净锅置火上，倒入植物油烧至六成热，拨入玉米粒、胡萝卜丁炸至金黄、酥脆，捞出，沥油，装盘上桌即可。

猪瘦肉400克，香葱花、枸杞子各少许，鸡蛋2个

大葱、蒜瓣各5克，精盐1小匙，米醋4小匙，水淀粉、淀粉、生抽、白糖、植物油各适量

1 猪瘦肉洗净，切成大片，放在碗中，加入少许精盐、淀粉和少许植物油拌匀（图1）；大葱择洗干净，切成葱花；蒜瓣去皮，剁成蒜末（图2）；枸杞子洗净。

醋熘木樨

2 净锅置火上，放入植物油烧至六成热，倒入猪肉片，用筷子迅速拨散，待猪肉片变色，捞出，沥油（图3）。

3 将鸡蛋磕在大碗中，加上少许精盐，搅打均匀成鸡蛋液（图4），倒入烧热的油锅内炒至熟（图5），取出。

4 锅内加上植物油烧热，放入葱花、蒜末煸出香味，加入精盐、白糖、米醋、生抽和猪肉片翻炒一下（图6），加入熟鸡蛋炒匀，用水淀粉勾芡（图7），撒上枸杞子和香葱花，出锅上桌即可。

藕丁肉末

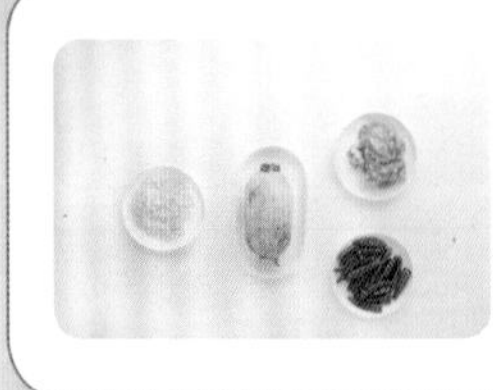

莲藕250克，猪肉末125克，香葱15克

蒜片、姜片各10克，干红辣椒5克，精盐少许，酱油、料酒各1大匙，水淀粉、香油各1小匙，植物油适量

1. 莲藕洗净，削去外皮，去掉藕节，放在案板上，先切成厚片（图1），再改刀切成1厘米大小的丁（图2）；香葱去根和老叶，洗净，切成香葱花；干红辣椒去蒂，掰成小段。

2. 净锅置火上，倒入清水烧沸，放入莲藕丁焯烫3分钟，捞出莲藕丁（图3），沥净水分。

3. 净锅复置火上，倒入植物油烧至六成热，加入猪肉末煸炒至变色，加入干红辣椒段继续煸炒一下（图4），烹入料酒，加入蒜片、姜片炒匀（图5）。

4. 倒入焯烫好的莲藕丁炒匀（图6），加入精盐、酱油调好口味，用旺火翻炒均匀（图7），用水淀粉勾薄芡，淋上香油，撒上香葱花，装盘上桌即可。

丝瓜芽炖豆腐

豆腐200克，丝瓜芽100克

葱末10克，姜末5克，精盐1小匙，料酒2小匙，香油少许，植物油1大匙

1 丝瓜芽洗净，切成小段，放入清水锅内，加入少许精盐焯烫一下，捞出丝瓜芽，过凉，沥净水分；豆腐切成2厘米见方的小块。

2 净锅置火上，加上植物油烧至六成热，放入姜末、葱末炝锅出香味，烹入料酒，加入清水煮至沸。

3 加入豆腐块和精盐，用中火煮约10分钟，加入丝瓜芽段，继续煮至丝瓜芽熟嫩，淋上香油，出锅上桌即可。

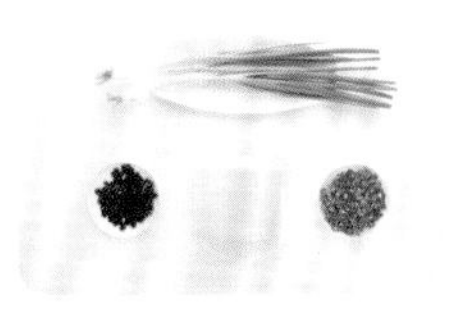

豆腐400克，小米椒25克，香葱15克

豆豉1大匙，蒸鱼豉油2大匙，植物油4小匙

1 将小米椒洗净，去蒂，切成椒圈；豆腐切成1厘米厚、3厘米宽、8厘米长的大片；香葱洗净，切成香葱花。

2 将豆腐片码放在盘内，淋上蒸鱼豉油，撒上米椒圈和豆豉。

3 把盛有豆腐片的盘子放入蒸锅内，用旺火蒸约10分钟，取出豆腐，撒上香葱花，淋上烧至九成热的植物油烫出香味即可。

剁椒蒸豆腐

法式鹅肝批

鹅肝400克，肥肉片150克，面包片100克，鲜虾、蟹籽、黑水榄圈、紫叶生菜、球茎茴香各少许

精盐1小匙，红葡萄酒、白兰地酒各2小匙，鸡精、胡椒粉各少许

1 鹅肝去除筋膜（图1），放入粉碎机内，加入精盐、白兰地酒、红葡萄酒、鸡精、少许面包片和胡椒粉（图2），粉碎成鹅肝浆，用细筛过滤。

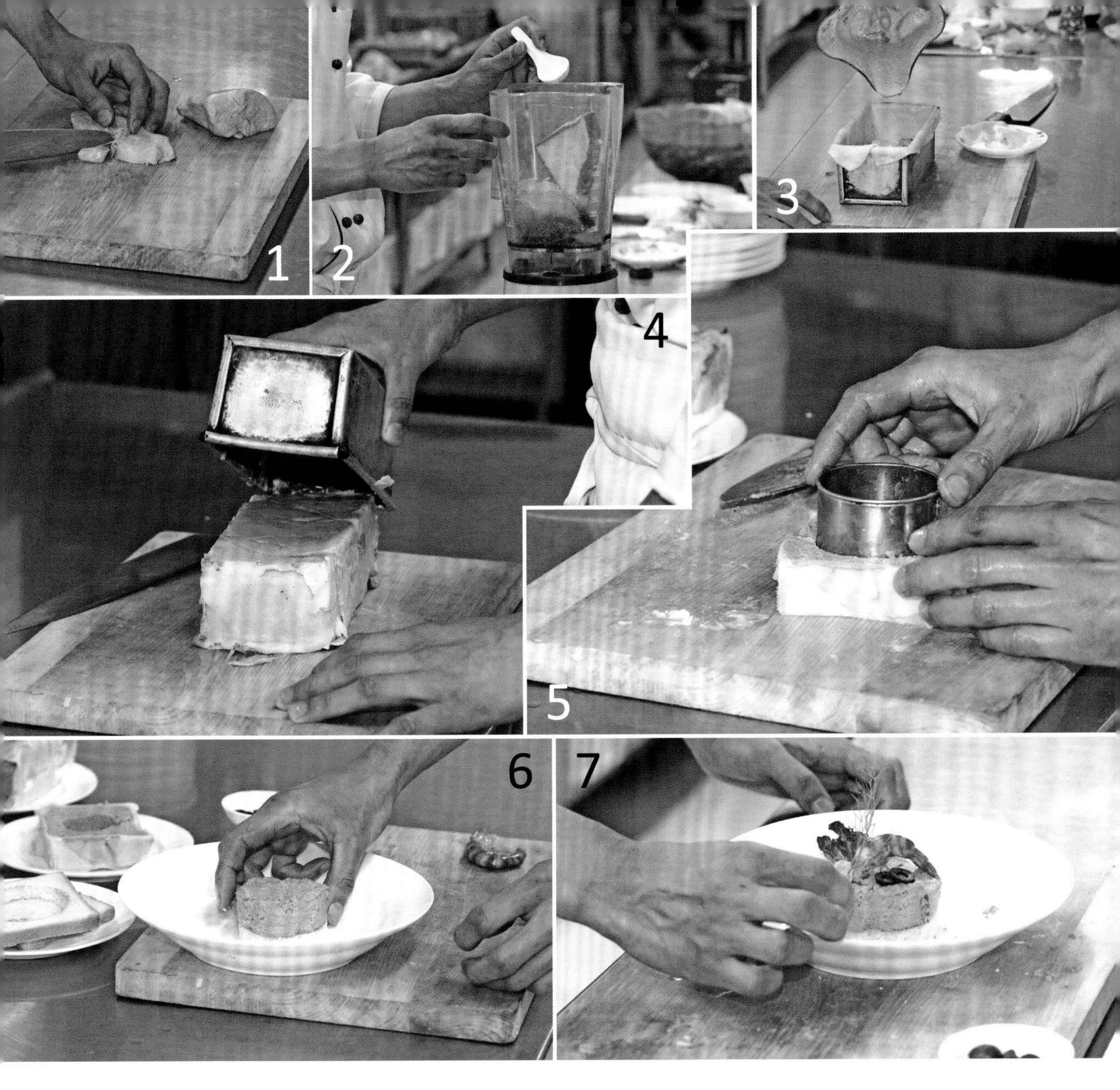

2 取长方形模具，用肥肉片铺在四周，倒入过滤的鹅肝浆（图3），再放入盛有少许温水的烤盘内，用140℃烘烤1小时至成熟，取出，冷却，扣在案板上（图4）。

3 将鹅肝切成厚块，用模具把鹅肝块压成圆形（图5）；面包片也用模具压成与鹅肝同样大小的圆片。

4 盘中先放入面包圆片，再放上鹅肝圆块（图6），摆入去头、去壳、留尾的鲜虾，最后放上紫叶生菜、黑水榄圈、蟹籽、球茎茴香加以点缀即可（图7）。

黄瓜虾仁

虾仁250克，黄瓜150克，胡萝卜75克

葱花10克，精盐1小匙，料酒4小匙，胡椒粉1/2小匙，水淀粉2小匙，植物油2大匙，花椒油少许

1. 虾仁从背部片开，去掉虾线，放在碗内，加入少许精盐、料酒、水淀粉和植物油拌匀，放入沸水锅内（图1），快速焯烫至变色（图2），捞出，沥水。

2. 黄瓜洗净，削去外皮，从中间切开，去除黄瓜瓤（图3），改刀切成丁；胡萝卜去皮，洗净，也切成丁（图4）。

3. 炒锅置火上，倒入清水和少许精盐煮沸，倒入胡萝卜丁、黄瓜丁焯烫一下（图5），捞出、沥水。

4. 净锅置火上，加入植物油烧至五成热，放入葱花炝锅出香味，倒入虾仁、黄瓜丁、胡萝卜丁，加入胡椒粉和精盐翻炒均匀（图6），用水淀粉勾薄芡（图7），淋上花椒油，出锅上桌即可。

大海虾400克

粗盐250克，花椒5克

1 将大海虾切去虾须与尖刺，用牙签从海虾背部挑出虾线。

2 净锅置火上烧热，倒入清水，放入大海虾，用旺火快速焯烫至变色，捞出大海虾，擦净表面水分。

3 净锅置火上烧热，倒入粗盐煸炒3分钟，撒上花椒，倒入大海虾炒匀，用中火焖3分钟至熟香，取出大海虾，装盘上桌即可。

盐焗大虾

滑蛋虾仁

净虾仁300克，蒜苗段25克，香葱花15克，鸡蛋3个，枸杞子少许

精盐1小匙，植物油2大匙

1 净虾仁放入沸水锅内焯烫至变色，捞出，沥水；鸡蛋磕入大碗中，加上精盐、蒜苗段搅拌均匀成鸡蛋液。

2 净锅置火上，倒入植物油烧至六成热，倒入拌匀的鸡蛋液稍炒，趁着鸡蛋液没有完全凝固时，放入焯烫好的虾仁。

3 用旺火快速翻炒至鸡蛋液与虾仁互相包裹并完全熟透时，加入洗净的枸杞子，撒上香葱花即可。

雪蟹腿250克，芒果100克，紫皮洋葱40克，苦苣25克，苏打饼干碎10克

精盐、蜂蜜各少许，蛋黄酱1大匙，橄榄油、柠檬汁、橙汁各1小匙

1 将蛋黄酱放在容器内，加入橄榄油、橙汁、柠檬汁、精盐和蜂蜜（图1），搅拌均匀成沙律汁；紫皮洋葱剥去外层老皮，洗净，切成细条（图2）。

蟹肉芒果

2 雪蟹腿刷洗干净，放在案板上，先从关节处把雪蟹腿斩断（图3），用剪刀剪开雪蟹腿，取出雪蟹腿肉（图4），再把雪蟹腿肉撕成丝（图5）。

3 把芒果洗净，切开后去掉外皮，取净芒果的果肉，切成大小均匀的小块（图6）；苦苣去根，择洗干净。

4 把加工好的雪蟹腿肉丝、芒果块、紫皮洋葱条、苦苣放入盛有沙律汁的容器内，充分搅拌均匀，码放在盘内（图7），撒上苏打饼干碎，直接上桌即可。

脆炒花蛤

花蛤1000克，青尖椒、红尖椒各25克

大葱5克，姜块、蒜瓣各10克，精盐1小匙，郫县豆瓣酱、料酒各1大匙，植物油4小匙，香油少许，水淀粉适量

1. 把花蛤刷洗干净，放在容器内，淋上少许植物油，静养4小时使花蛤吐净泥沙，放入冷水锅内（图1），用旺火焯烫至花蛤的外壳张开，捞出，沥水（图2）。

2. 青尖椒去蒂、去籽，洗净，切成菱形块（图3）；大葱择洗干净，切成葱花；姜块去皮，切成小片；蒜瓣去皮，切成蒜片（图4）；红尖椒去蒂、去籽，切成小块。

3. 炒锅置火上，倒入植物油烧至六成热，放入葱花、蒜片、姜片炝锅出香味，放入郫县豆瓣酱炒香（图5），加上精盐，烹入料酒，再放入花蛤翻炒一下（图6）。

4. 加入青尖椒块和红尖椒块炒匀（图7），用水淀粉勾芡，淋上香油，出锅上桌即可。

DIET SCIENCE
饮食科学

第三章

下午茶

薄荷柠檬茶

柠檬1/2个，薄荷5克，冰糖25克

1. 把柠檬洗净，切成厚薄均匀的片，放在杯中，加上少许冰块拌匀，放入冰箱内冷藏。
2. 薄荷洗净，放入壶中，冲入适量热水，加入冰糖搅拌均匀成薄荷水，也放入冰箱内冷藏。
3. 饮用时取出冷藏的薄荷水和柠檬冰块，放在一起拌匀即可。

罗汉果茶

1. 把罗汉果表面的茸毛用清水洗净，把外壳敲裂，取出罗汉果的果实，再用清水稍泡。
2. 砂煲置火上，倒入足量的清水，放入罗汉果烧沸，改中火熬煮10分钟，离火，凉凉，倒在玻璃杯中即可。

防暑三豆饮

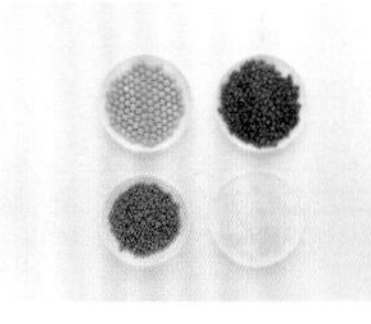

红豆50克，黄豆40克，绿豆30克，冰糖75克

1 将红豆淘洗干净，放在容器内，倒入适量的清水浸泡8小时（图1）；绿豆淘洗干净，放在另一个容器内，加入适量的清水浸泡4小时（图2）。

2 黄豆去掉杂质，用清水淘洗干净，放在容器内，加入适量的清水浸泡8小时（图3），捞出，沥水。

3 净锅置火上，倒入足量的清水，放入浸泡好的红豆、绿豆（图4），用旺火烧沸，转中火熬煮20分钟，放入浸泡好的黄豆（图5），加入冰糖（图6），继续用中火熬煮至软嫩清香（图7），离火，凉凉即可。

蜂蜜红枣茶

红枣50克，蜂蜜2大匙

1 把红枣洗净，去掉枣核，放在小碗中，放入蒸锅内，用旺火蒸约10分钟，取出红枣。

2 把蒸好的红枣放在玻璃器皿中，先淋上蜂蜜，再倒入足量的热水搅拌均匀即可。

山楂干40克，冰糖适量

开胃山楂饮

1 把山楂干放在干净容器内，加上适量的清水浸泡25分钟，取出山楂干，沥净水分。

2 砂煲置火上，倒入清水煮至沸，放入山楂干煮10分钟，加入冰糖，继续煮至冰糖溶化，离火上桌即可。

决明子15克，干菊花10克

决明菊花饮

1 决明子用清水漂洗干净，放在容器内，加入少许清水浸泡30分钟；干菊花用清水洗净，沥水。

2 砂煲置火上烧热，倒入足量的清水，加入决明子，烧沸后用中火煮10分钟，放入干菊花，继续煮15分钟，离火，凉凉即可。

香蜜柠檬饮

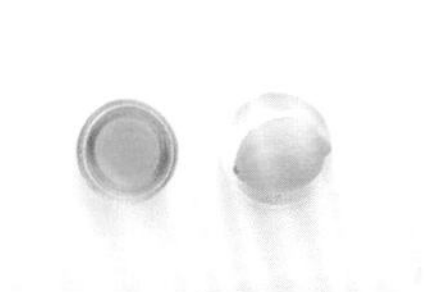

柠檬1个，蜂蜜适量

1 把柠檬用淡盐水浸泡并洗净，沥净水分，先切去两端，再把柠檬带皮切成大圆片。

2 把柠檬圆片放在玻璃杯中，淋上蜂蜜，倒入适量的沸水浸出香味，搅拌均匀，凉凉即可。

冰糖双耳

红枣8个（约75克），木耳10克，银耳1个，枸杞子15克

冰糖25克

1 把木耳放入大碗中（图1），加入足量的清水浸泡至涨发，捞出木耳，去掉蒂，撕成小块（图2），放入沸水锅内快速焯烫一下，捞出木耳块，沥水。

2 银耳放入大碗中（图3），倒入足量清水浸泡至涨发，捞出银耳，去掉银耳的硬底（图4），再把银耳撕成小朵，放入沸水锅内焯烫一下，捞出，沥水。

3 红枣用清水洗净，去掉枣核，放入蒸锅内蒸10分钟，取出；枸杞子择洗干净。

4 净锅置火上，放入清水、银耳、木耳块（图5），烧沸后倒入冰糖（图6），再加入红枣，改小火熬煮1小时（图7），加入枸杞子稍煮，出锅上桌即可。

番茄汁

番茄2个

1 番茄去蒂，洗净，放在大碗内，加入沸水浸泡片刻，取出番茄，剥去外皮，切成小块。

2 将切好的番茄块放入榨汁机中榨取番茄汁，再把榨好的番茄汁倒入杯中，直接饮用即可。

苹果2个

苹果汁

1 把苹果洗净，擦净水分，削去外皮，先把苹果切成两半，去掉果核，再改刀切成块。

2 把切好的苹果块放入榨汁机中，加入适量凉开水榨取苹果汁，再把苹果汁倒入杯中即可。

油桃3个

油桃汁

1 把油桃洗净，擦净表面水分，先把油桃切成两半，除去桃核，取油桃净果肉，再切成小块。

2 将油桃果肉块放入榨汁机中，倒入少许凉开水榨取油桃汁，再把榨好的油桃汁倒入杯中即可。

猕猴桃木瓜汁

猕猴桃·········2个
木瓜·········200克

1 猕猴桃洗净，剥去外皮，切成小块；木瓜从中间切开，削去外皮，去掉木瓜籽粒，也切成小块。

2 将猕猴桃块和木瓜块放入榨汁机中榨成果汁，再把榨好的猕猴桃木瓜汁倒入杯中即可。

橘子汁

橘子·········250克

1 把橘子洗净，剥去橘子的外皮，掰成橘子瓣，再撕开橘子瓣膜，除去籽粒，取净橘子果肉。

2 将橘子果肉放入榨汁机中，加入凉开水榨取橘子汁，再把榨好的橘子汁倒入杯中即可。

嫩玉米………1个
油桃…………2个
西瓜………200克

玉米桃瓜汁

1. 把嫩玉米剥去外皮，洗净，放入清水锅内煮约20分钟至熟，捞出玉米，凉凉，剥取玉米粒。
2. 把油桃洗净，切成两半，去掉果核，切成小块；西瓜取净瓜瓤，切成小块，除去籽粒。
3. 将玉米粒、油桃块和西瓜块放入榨汁机中榨汁，再把榨好的玉米桃瓜汁倒入杯中即可。

杂粮饼干

低筋面粉250克，杏仁片40克，核桃碎、白芝麻、黑芝麻各25克，鸡蛋清2个

白糖2大匙，泡打粉2克，奶油4大匙，植物油少许

1. 将奶油和白糖放入干净的容器中打发，再加入鸡蛋清搅拌均匀（图1），加入低筋面粉、泡打粉拌匀成团（图2），放入杏仁片、核桃碎、黑芝麻、白芝麻揉搓均匀成面团（图3）。
2. 把揉搓好的面团取出，放在案板上（图4），揪成每个大约100克重的面剂，再把面剂搓成长条（图5）。
3. 把长条面剂盖上湿布，放进冰箱里冷冻2小时，取出长条面剂，切成均匀的圆片，制成杂粮饼干生坯（图6）。
4. 烤盘上刷上一层植物油，摆上制作好的杂粮饼干生坯（图7），放入预热的烤箱中，用上火180℃、下火150℃烘烤15分钟至熟香，取出上桌即可。

面粉……………………250克
鸡蛋清……………………3个
大杏仁……………………50克
白糖……………………150克
黄油……………………100克

1 把黄油和白糖放进容器中，搅拌均匀后打发，加上鸡蛋清搅拌均匀，再加入面粉揉搓均匀成面团。

2 把面团搓成长条形，切成每个大约30克的小面剂子，再把小面剂子揉成小球，将大杏仁插入小球上成杏仁饼干生坯。

3 把杏仁饼干生坯码放在烤盘中，放入预热的烤箱内，用上火180℃、下火150℃烘烤12分钟至熟香，取出上桌即可。

杏仁饼干

巧克力饼干

面粉	250克	黄油	100克
鸡蛋	6个	可可粉	50克
白糖	150克	白巧克力	适量

1. 将黄油、白糖放在容器内搅拌均匀后打发，再磕入鸡蛋搅匀，然后放入面粉和可可粉，揉搓均匀成面团。
2. 把面团搓成长条，切成每个大约30克的小剂子，把小剂子揉成小球状后压扁，做成巧克力饼干生坯。
3. 把生坯放入上火150℃、下火170℃的烤箱中烘烤15分钟，取出；把白巧克力溶化后倒入裱花袋中，挤在饼干表面，凉凉后即可食用。

低筋面粉500克，鸡蛋3个

白糖150克，哈密瓜酱4大匙，奶油400克，植物油适量

1 把白糖放入容器内，磕入鸡蛋搅拌均匀（图1），再加入植物油（图2），快速搅拌均匀成鸡蛋液。

哈密瓜曲奇

2 鸡蛋液中放入奶油（图3），打发至颜色发白，再慢慢加入低筋面粉搅拌均匀成比较浓的面糊（图4），盖上湿布，放入冰箱中冷藏2小时，取出（图5）。

3 把面糊装进裱花袋内，用裱花嘴挤出花形成曲奇生坯（图6），再把哈密瓜酱挤在生坯表面成哈密瓜曲奇生坯（图7）。

4 将哈密瓜曲奇生坯放入预热的烤箱中，用上火180℃、下火150℃烘烤15分钟至熟香，取出，直接上桌即可。

坚果曲奇

低筋面粉	400克	白糖	180克
高筋面粉	100克	黄油	300克
核桃仁	50克	植物油	适量
鸡蛋	5个		

1. 把白糖放入干净容器内，磕入鸡蛋搅拌均匀，快速加入植物油搅匀，再放入黄油打发至颜色发白成浓糊。
2. 低筋面粉、高筋面粉混合，慢慢加入浓糊中，搅拌均匀成面糊，装入裱花袋中，装上裱花嘴，挤出花形成坚果曲奇生坯。
3. 把核桃仁按在坚果曲奇生坯的表面，放入预热的烤箱内，用上火180℃、下火150℃烘烤15分钟即可。

低筋面粉400克，鸡蛋5个

白糖150克，黄油100克，植物油适量

1 把鸡蛋和白糖放入容器里搅拌，并迅速加入植物油搅匀，加入黄油打发至颜色发白，再慢慢加入低筋面粉搅拌均匀成面糊。

2 把搅拌好的面糊装入裱花袋，用裱花嘴挤出花形成原味曲奇生坯。

3 把原味曲奇生坯放入预热的烤箱内，用上火180℃、下火150℃烘烤15分钟至色泽金黄，取出上桌即可。

原味曲奇

低筋面粉250克，葡萄干40克，红果酱少许，鸡蛋2个

白糖125克，黄油250克

1 将黄油、白糖放入机器中，用中速打发，再逐个磕入鸡蛋，继续打发均匀，然后加入低筋面粉搅拌均匀成浓糊。

2 葡萄干洗净，切成碎粒，放入浓糊中搅拌均匀，装入裱花袋内，在烤盘内挤成圆饼状，再挤上红果酱加以点缀成葡萄曲奇生坯。

3 把盛有葡萄曲奇生坯的烤盘放入预热的烤箱中，以上火180℃、下火150℃烘烤至曲奇呈金黄色，取出上桌即可。

葡萄曲奇

草莓曲奇

低筋面粉……………400克	白糖……………………250克
草莓酱………………2大匙	奶油…………………500克
鸡蛋……………………3个	植物油………………适量

1 把鸡蛋和白糖放入容器里搅拌，并快速加入植物油搅匀，加入奶油打发至颜色发白，再慢慢加入低筋面粉搅拌均匀成面糊。

2 把面糊装入裱花袋，用裱花嘴挤出花形成曲奇生坯，再把草莓酱挤在曲奇生坯表面加以点缀。

3 把曲奇生坯放入预热的烤箱中，用上火180℃、下火150℃烘烤15分钟即可。

甜酒慕斯

奶油350克，黑巧克力50克，黄巧克力、白巧克力各25克，巧克力片少许，鸡蛋黄3个

白糖2大匙，朗姆酒1大匙，橘味果酱适量

1. 将黑巧克力隔热水加热至熔化（图1）；把白巧克力加热至熔化，倒入模具内，旋转制成白色巧克力盏（图2）；黄巧克力也加热至熔化，放入另一个模具内制成黄色巧克力盏（图3）。

2. 把奶油放入容器内，加入鸡蛋黄搅打至起泡（图4），再加入朗姆酒、熔化的黑巧克力和白糖搅打均匀成蛋黄奶油，再将蛋黄奶油装入裱花袋内。

3. 把黄色巧克力盏放在盘内，挤上蛋黄奶油成慕斯（图5），再把橘味果酱淋在慕斯上（图6）。

4. 将白色巧克力盏挤上蛋黄奶油，码放在黄色巧克力盏上面，淋上少许橘味果酱，插入巧克力片装饰即可（图7）。

柠檬蛋糕卷

低筋面粉……………250克	白糖……………………2大匙
柠檬果酱、椰蓉……各适量	塔塔粉……………………3克
鸡蛋清、鸡蛋黄………各5个	牛奶……………………1大匙
	植物油…………………4小匙

1. 鸡蛋清加上白糖和塔塔粉搅匀，打发成蛋清糊；牛奶、植物油、低筋面粉拌匀，加入鸡蛋黄，再倒入搅匀的蛋清糊搅拌均匀成面糊。
2. 烤盘内铺上油纸，倒入面糊并抹平，放入烤箱中，用上火180℃、下火150℃烘烤20分钟成蛋糕，取出。
3. 把蛋糕背面朝上放在纸上，表面抹上柠檬果酱，用擀面杖卷起，继续在表面抹上柠檬果酱，撒上一层椰蓉，切成小块即可。

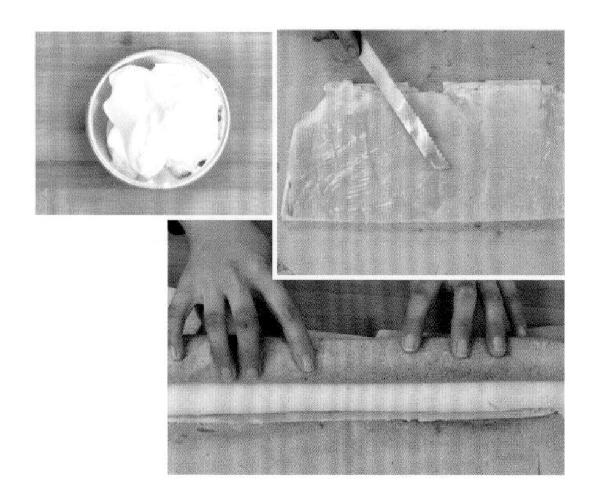

低筋面粉………………250克
哈密瓜酱、椰蓉………各适量
鸡蛋清、鸡蛋黄………各5个
白糖……………………2大匙
塔塔粉……………………3克
牛奶……………………1大匙
植物油…………………4小匙

1. 鸡蛋清加上白糖和塔塔粉搅匀，打发成蛋清糊；牛奶、植物油、低筋面粉拌匀，加入鸡蛋黄，再倒入搅匀的蛋清糊搅拌均匀成面糊。
2. 烤盘内铺上油纸，倒入面糊并抹平，放入烤箱中，用上火180℃、下火150℃烘烤20分钟成蛋糕，取出蛋糕，背面朝上放在纸上。
3. 在表面抹上哈密瓜酱，用擀面杖卷起，切成大块，在表面用哈密瓜酱淋上自己喜欢的图案，撒上椰蓉即可。

密瓜蛋糕卷

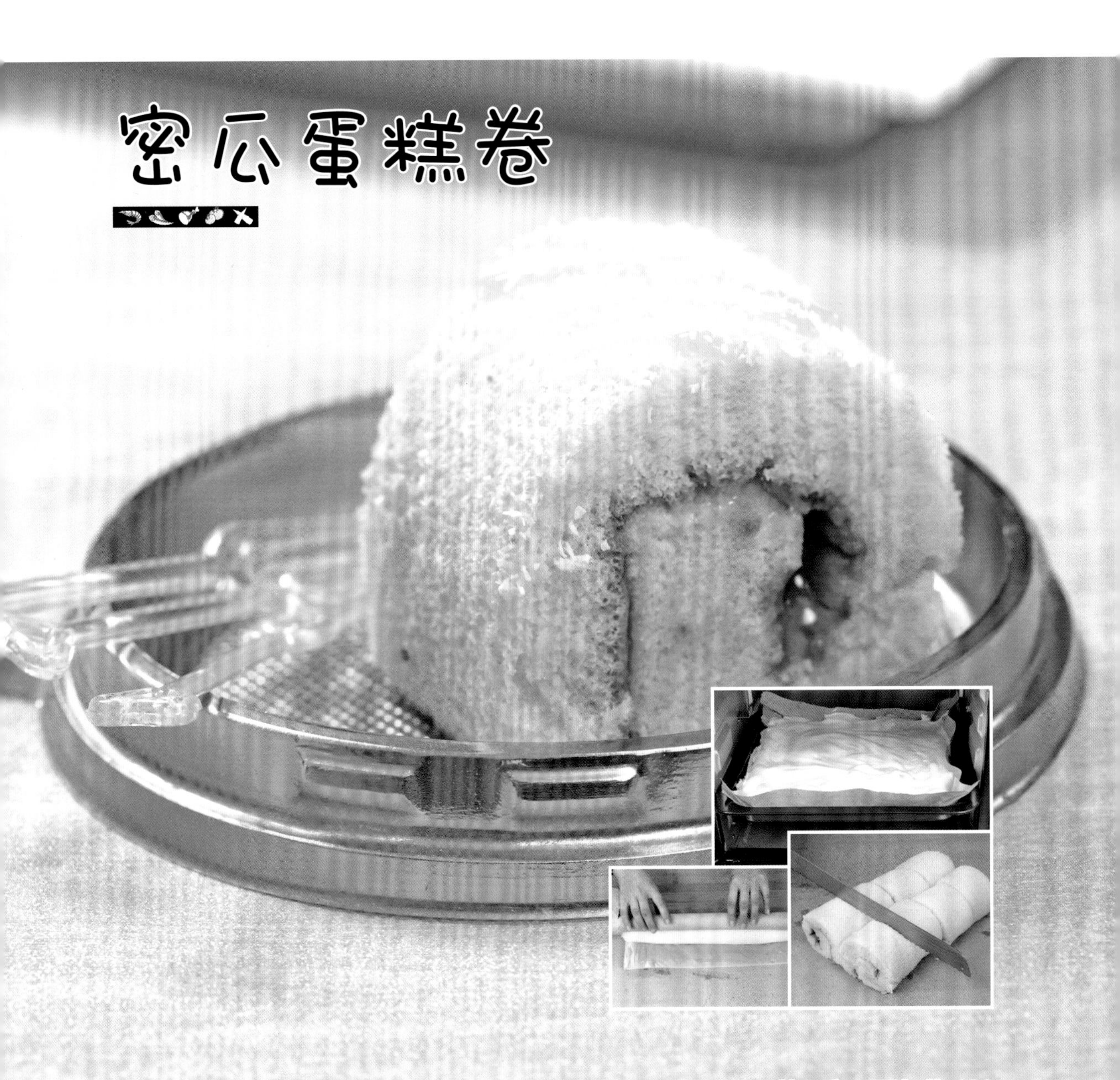

魔鬼蛋糕

低筋面粉250克，可可粉200克，鸡蛋8个

牛奶150毫升，苏打粉20克，白糖500克，黄油、奶油各适量

1 将低筋面粉放入搅拌器内，磕入鸡蛋，加上可可粉拌匀（图1），再加入白糖、黄油和苏打粉，倒入牛奶，用中速搅打均匀成蛋糕糊（图2）。

2 取出搅拌好的蛋糕糊饧发30分钟，装入圆形模具中，再用刮板将蛋糕糊抹平（图3）。

3 把盛有蛋糕糊的模具放入烤箱内，以上火180℃、下火160℃烘烤20分钟至熟香（图4）。

4 取出烤熟的蛋糕（图5），将蛋糕片成3大片（图6），蛋糕片上涂抹上奶油（图7），切成三角块，装盘上桌即可。

高筋面粉、低筋面粉…各150克
鸡蛋……………………………6个
牛奶……………………200克
精盐…………………………1小匙
烤焙油…………………150克
奶油……………………………适量

1. 净锅置火上，加入烤焙油、少许清水、牛奶和精盐煮至沸，撇去浮沫和杂质，出锅，凉凉，倒入容器内。
2. 容器内再加入高筋面粉、低筋面粉搅拌均匀，磕入鸡蛋搅拌均匀呈糊状，再把面糊装进裱花袋内，挤在烤盘上成泡芙生坯。
3. 把泡芙生坯放入烤箱内，用上火200℃、下火180℃烘烤25分钟，取出泡芙，挤上打发好的奶油即可。

泡芙

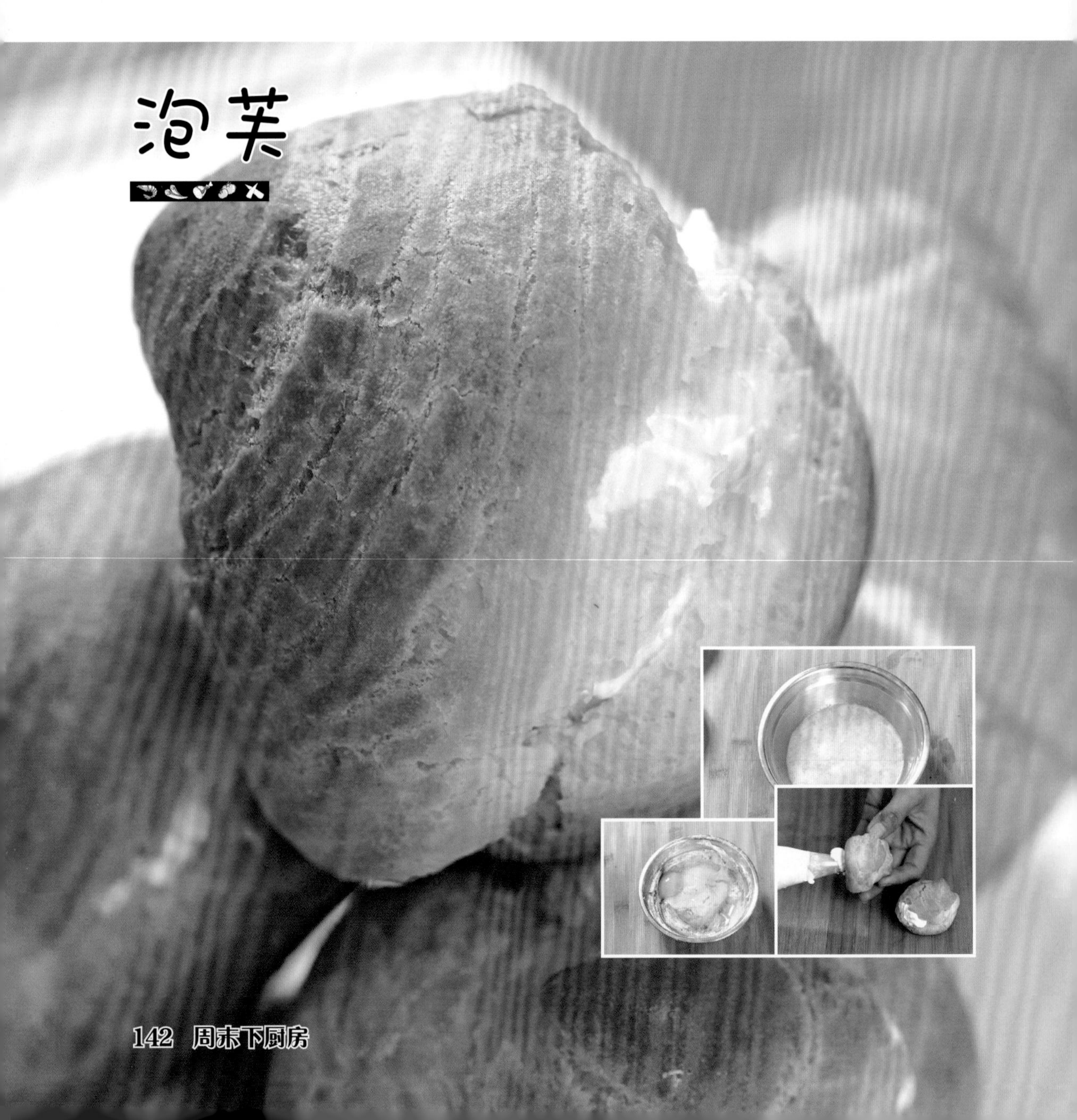

豆沙吐司

高筋面粉……………500克	鸡蛋…………………………2个
豆沙馅…………………150克	精盐………………………1小匙
奶粉……………………25克	白糖………………………2小匙
杏仁片…………………15克	奶油………………………100克
酵母………………………5克	

1 把高筋面粉（250克）放入盆内，加上酵母、鸡蛋和清水搅拌均匀成面团，放入发酵箱内饧发40分钟。

2 高筋面粉（250克）、白糖，精盐、奶粉和清水放入盆内拌匀，放入发酵好的面团和奶油揉搓均匀，切成每个300克的小面团。

3 小面团包入豆沙馅，擀成长条形并卷起，放入模具内饧发50分钟，撒上杏仁片，放入烤箱内，用上火190℃、下火210℃烤30分钟即可。

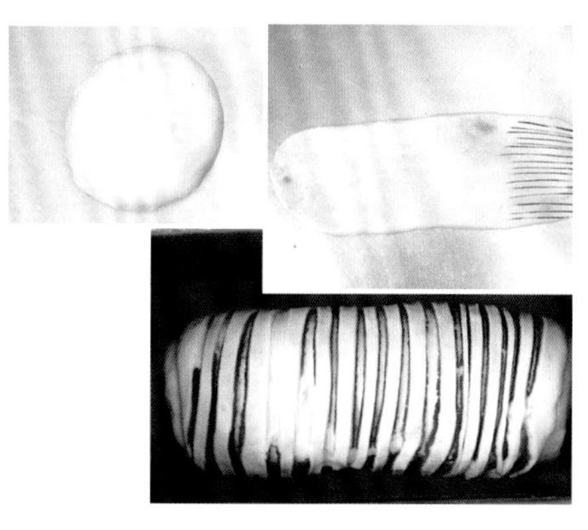

炸薯片

土豆	400克	白醋	少许
小葱	15克	淀粉	4小匙
番茄酱	2大匙	植物油	适量
白糖	1大匙		

1 将土豆洗净，削去外皮（图1），放在案板上，切成大薄片（图2），放入容器内，倒入清水浸泡15分钟（图3）。

2 净锅置火上，加上少许植物油烧热，加入番茄酱、白糖、白醋和少许清水炒至浓稠，出锅倒在小碗内，凉凉成番茄汁。

3 小葱洗净，取绿色葱叶部分，切成小葱花，放在小碗内，淋上少许烧热的植物油烫出香味。

4 锅内倒入植物油烧至四成热，把土豆片粘上淀粉，逐片下入油锅内（图4），用小火炸3分钟（图5），再改用旺火炸至酥脆，捞出（图6），码放在盘内，淋上番茄汁，撒上小葱花即可（图7）。

红酒蜜桃盏

黄桃罐头1罐，橙子、柠檬各1个

红葡萄酒500毫升，黄糖150克，白糖500克，水淀粉2大匙

1 橙子、柠檬洗净，剥取橙子皮和柠檬皮，分别切碎；白糖煮成拔丝，制成糖碗形状，冷却后放入盘中。

2 净锅置火上烧热，倒入黄桃罐头（连汁），加入橙子皮碎、柠檬皮碎、黄糖和红葡萄酒，用小火熬煮5分钟。

3 用水淀粉勾薄芡，出锅，凉凉，取出黄桃，放在制好的糖碗中，再淋上少许煮黄桃的糖汁，直接上桌即可。

高筋面粉………………300克
蓝莓酱、椰蓉、杏仁片…各适量
鸡蛋…………………………2个
酵母…………………………3克
白糖……………………2大匙
精盐…………………1/2小匙
奶粉……………………2小匙
奶油……………………40克

1 把150克高筋面粉、酵母放入盆中，磕入1个鸡蛋，加入少许清水搅拌，揉搓成面团，饧发30分钟；1个鸡蛋磕在碗内，搅匀成鸡蛋液。

2 150克高筋面粉、白糖、精盐、奶粉、奶油放入容器内拌匀，加上发酵面团揉搓成面团，切成小块，撒上椰蓉，放在烤盘中发酵40分钟。

3 发酵完成后，在面团上刷上一层鸡蛋液，挤上蓝莓酱，撒上杏仁片，放入烤箱中，用上火180℃、下火150℃烘烤15分钟即可。

蓝莓椰蓉面包

面粉500克，忌廉300克，伊丽莎白瓜1个

白糖150克，黄油200克，巧克力适量

1 将白糖、黄油倒入搅拌器内，用中速搅打至发泡，加入面粉（图1），继续搅拌均匀成面团，取出面团，放在案板上揉搓均匀（图2），切成小块，放入模具中压平（图3）。

水果挞

2. 把模具放入烤炉中（图4），用200℃烘烤至金黄色，取出成挞壳（图5），抹上溶化的巧克力。

3. 将忌廉倒入搅拌器内，用高速打发，取出，装入裱花袋内，挤入挞壳内（图6）。

4. 将伊丽莎白瓜削去外皮，用挖球器挖成瓜球，放在挞壳上（图7），用巧克力装饰边缘即可。

DIET SCIENCE
饮食科学

第四章

轻晚食

地三鲜

茄子250克，土豆2个，青椒1个

葱花25克，姜片、蒜片各15克，精盐1小匙，水淀粉2小匙，酱油、白糖各1/2大匙，米醋、蚝油各少许，淀粉、植物油各适量

1. 土豆削去外皮，切成滚刀块（图1）；青椒洗净，去蒂（图2），切成小块；茄子洗净，去蒂，切成滚刀块，放入大碗中，放入淀粉搅拌均匀（图3）。
2. 净锅置火上，加上植物油烧至五成热，下入土豆块炸至色泽金黄（图4），捞出；待锅内油温升至六成热时，倒入茄子块，用旺火炸至熟（图5），捞出，沥油。
3. 锅内留少许底油，复置火上烧热，放入葱花、蒜片、姜片炝锅出香味，放入清水、精盐、酱油、白糖、米醋和蚝油烧沸，放入青椒块稍炒（图6）。
4. 倒入茄子块和土豆块，用旺火快速翻炒均匀，用水淀粉勾芡（图7），出锅上桌即成。

番茄烧茄子

茄子250克，西红柿（番茄）150克，青椒1个

大葱15克，姜块、蒜瓣各10克，精盐1小匙，淀粉2大匙，生抽1大匙，白糖2小匙，香油少许，植物油适量

1 西红柿洗净，去蒂，切成滚刀块（图1）；青椒洗净，去蒂、去籽，切成小块（图2）；大葱去根和老叶，切成葱花；姜块、蒜瓣分别去皮，均切成末。

2 茄子洗净，去蒂，切成滚刀块（图3），放在大碗中，加上淀粉搅拌均匀，倒入烧至六成热的油锅内，用旺火炸约3分钟至茄子块熟嫩（图4），捞出，沥油。

3 锅内留少许底油，复置火上烧热，放入葱花、蒜末、姜末煸炒出香味，加上精盐、生抽、白糖和适量的清水烧沸（图5），放入青椒块、西红柿块翻炒均匀（图6）。

4 放入炸好的茄子块继续翻炒一下，用旺火收浓汤汁（图7），淋上香油，出锅上桌即可。

豉汁苦瓜

苦瓜1根，红柿子椒1个，小米椒15克

葱花10克，豆豉25克，精盐1/2小匙，蒸鱼豉油1大匙，植物油适量

1 苦瓜洗净，去蒂、去瓤，切成5厘米长的小段；红柿子椒去蒂、去籽，切成小粒；小米椒去蒂、去籽，切成碎末。

2 净锅置火上，加入清水烧沸，加上精盐和少许植物油，倒入苦瓜段焯烫一下，捞出苦瓜段，沥净水分，码放在盘内。

3 净锅置火上，加上植物油烧热，加入红柿子椒粒、小米椒碎、豆豉炒出香味，加入葱花、蒸鱼豉油炒匀，浇在苦瓜段上即可。

娃娃菜400克，红尖椒25克

大葱15克，精盐少许，蒸鱼豉油1大匙，植物油4小匙

1 娃娃菜洗净，先顺长切成两半，再将娃娃菜切成均匀的条；红尖椒去蒂、去籽，洗净，切成细丝；大葱洗净，切成细丝。

2 净锅置火上，加入清水、精盐和少许植物油烧沸，倒入娃娃菜焯烫一下，捞出，用冷水过凉，沥净水分，码放在盘内。

3 将大葱丝、红尖椒丝放在娃娃菜上，淋上蒸鱼豉油；锅内加上植物油烧至九成热，出锅，淋在大葱丝、红尖椒丝和娃娃菜上即可。

白灼娃娃菜

风味大头菜

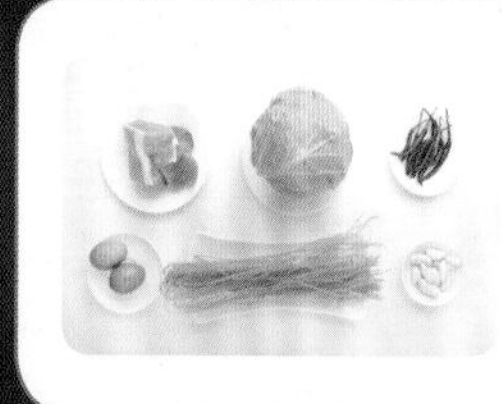

大头菜400克，猪瘦肉100克，粉条50克，小米椒20克，鸡蛋2个

蒜瓣15克，精盐1小匙，生抽1大匙，植物油适量

1. 大头菜洗净，切去菜根，再把大头菜切成丝（图1）；猪瘦肉去掉筋膜，切成细丝（图2）；粉条放在容器内，加入清水浸泡至软（图3），沥净水分。
2. 鸡蛋磕入碗中，搅打均匀成鸡蛋液（图4）；小米椒去蒂、去籽，切成椒圈；蒜瓣去皮，洗净，剁成蒜末。
3. 炒锅置火上，放入植物油烧至六成热，加入瘦肉丝煸炒至变色，加入米椒圈翻炒均匀，倒入大头菜丝（图5），用旺火炒匀，加入泡好的粉条，放入精盐、生抽调好口味（图6）。
4. 将打好的鸡蛋液倒入烧热的煎盘中摊成鸡蛋饼（图7），倒入炒好的大头菜，撒上蒜末，直接上桌即可。

芦笋350克，鲜百合50克，红尖椒15克

精盐1小匙，鸡精少许，水淀粉2小匙，花椒油少许，植物油2大匙

1 鲜百合切去根，用手掰开，取净百合瓣（图1），用清水漂洗干净；将芦笋去掉菜根，削去外皮（图2），斜刀切成菱形小段（图3）；红尖椒去蒂、去籽，切成小块。

芦笋炒百合

2 净锅置火上，倒入清水，加入少许精盐、植物油烧沸，放入芦笋段稍焯一下（图4），再放入鲜百合瓣和红尖椒块，待芦笋段变成翠绿色时，一起捞出（图5），沥净水分。

3 净锅置火上，加上植物油烧至六成热，加入芦笋段、鲜百合瓣和红尖椒块炒匀（图6）。

4 加上精盐、鸡精调好菜肴口味（图7），用水淀粉勾薄芡，淋上花椒油，出锅上桌即可。

菜心500克，红尖椒25克

蒜末10克，精盐1小匙，植物油1大匙，香油少许

1. 将菜心用清水洗净，沥净水分，放在案板上，去掉菜根，再把菜心切成两段；红尖椒去蒂、去籽，切成细丝。
2. 净锅置火上，放入植物油烧至六成热，加入蒜末炝锅出香味，倒入洗净的菜心，用旺火快速翻炒一下。
3. 待把菜心炒软时，放入红尖椒丝稍炒，加入精盐调好口味，淋上香油，出锅上桌即可。

清炒菜心

小白菜炖豆腐

小白菜250克，豆腐1块（约200克），枸杞子10克

姜块10克，精盐1小匙，胡椒粉、香油各少许，植物油1大匙

1 将小白菜洗净，去掉菜根，切成小段；枸杞子择洗干净；姜块去皮，切成小片。

2 豆腐切成大片，放入清水锅内，加上少许精盐和植物油焯烫一下，捞出豆腐片，用冷水过凉，沥净水分。

3 炒锅置火上，加上植物油烧热，放入姜片炝锅，倒入清水和豆腐片煮10分钟，加入小白菜段、精盐、胡椒粉煮3分钟，淋上香油，出锅上桌即可。

西蓝花杏鲍菇

西蓝花、杏鲍菇各250克，小米椒15克

蒜瓣10克，精盐1小匙，橙汁2大匙，白糖1/2大匙，香油少许，水淀粉2小匙，植物油适量

1 西蓝花洗净，从每一朵花根处切断，取西蓝花小朵（图1）；杏鲍菇洗净，先从中间切开，再顶刀切成大片（图2）；小米椒去蒂，切成椒圈；蒜瓣去皮，剁成蒜末。

2 净锅置火上，加入清水、少许精盐和植物油烧沸，倒入西蓝花焯烫一下（图3），捞出，沥水；待锅内清水再沸后，倒入杏鲍菇片焯烫一下，捞出、沥水（图4）。

3 净锅置火上，加入植物油烧热，加入蒜末和西蓝花翻炒一下，加上精盐，用水淀粉勾芡（图5），出锅，码放在盘内。

4 净锅复置火上，加入植物油烧热，放入杏鲍菇片、白糖、橙汁和清水烧焖几分钟（图6），用水淀粉勾芡，淋上香油，倒在盛有西蓝花的盘内（图7），撒上米椒圈即可。

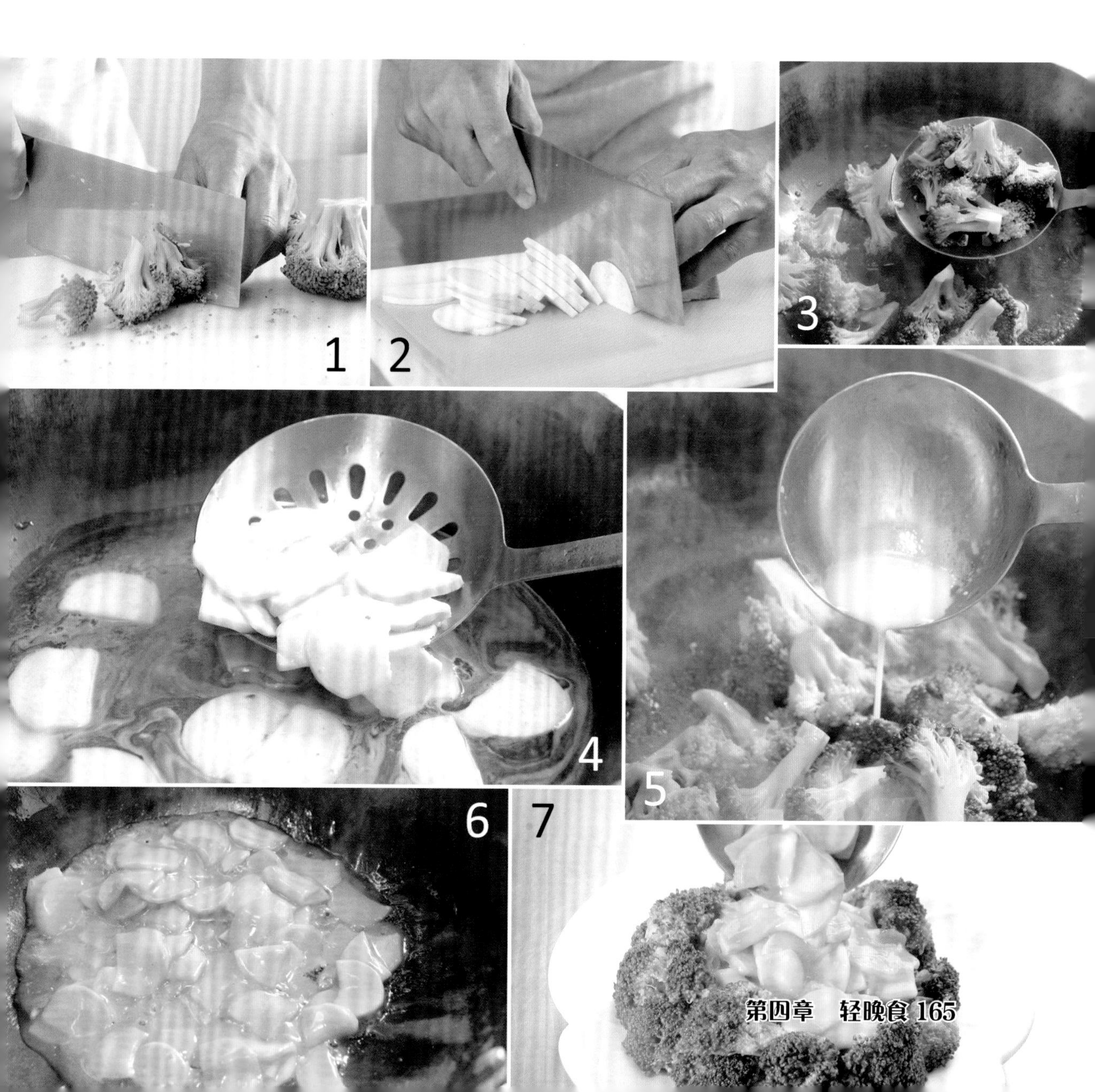

香煎土豆片

土豆2个，香葱15克

花椒5克，精盐1小匙，植物油适量

1 土豆洗净，削去外皮，放在大碗内，再放入蒸锅内，用旺火蒸约10分钟至熟，取出土豆，凉凉，切成厚片；香葱择洗干净，切成香葱花。

2 净锅置火上烧热，倒入花椒煸炒至变色，加入精盐翻炒均匀，出锅，用擀面杖擀压成粉末，凉凉成椒盐。

3 平底锅置火上，倒入植物油烧热，放入土豆片，中火煎至两面金黄，取出，码放在盘内，撒上椒盐和香葱花即可。

菜心100克，红柿子椒1个，木耳15克

蒜瓣10克，精盐1小匙，生抽2小匙，植物油1大匙

1 木耳放到大碗中，倒入适量的清水泡发，取出木耳，去掉菌蒂，撕成小块，放入沸水锅内焯烫3分钟，捞出，沥水。

2 把菜心洗净，去掉菜根，切成小段；红柿子椒去蒂、去籽，洗净，切成细条；蒜瓣去皮，切成蒜片。

3 炒锅内放入植物油烧热，放入蒜片煸香，放入菜心段、木耳块翻炒均匀，放入精盐、生抽调味，撒上红柿子椒条翻炒均匀即可。

翡翠木耳

猪里脊肉200克，水发木耳50克，红尖椒、蒜苗各25克

蒜片10克，精盐1/2小匙，酱油1大匙，植物油适量

1 猪里脊肉洗净，切成大片；水发木耳去蒂，撕成小块；红尖椒去蒂、去籽，洗净，切成小块；蒜苗择洗干净，切成小段。

2 炒锅置火上，倒入植物油烧至五成热，加入猪里脊肉片冲炸一下，并快速用筷子拨散，捞出里脊肉片，沥油。

3 锅内留少许底油烧热，加入蒜片炝锅，放入猪里脊肉片、水发木耳块、精盐、酱油炒匀，加入尖椒块、蒜苗段翻炒一下，出锅上桌即可。

木耳炒肉

木耳瘦肉汤

猪里脊肉200克，油菜50克，木耳10克，红枣5个，枸杞子少许

姜块10克，精盐1小匙，胡椒粉1/2小匙，香油少许

1 木耳放在容器内，倒入清水泡发，取出，去蒂，撕成小块；猪里脊肉去掉筋膜，洗净血污，切成大片。

2 油菜择洗干净，去掉菜根，顺长切成两半；红枣洗净，去掉枣核；枸杞子择洗干净；姜块去皮，切成薄片。

3 净锅置火上，倒入清水，加入猪肉片和姜片煮5分钟，加入红枣、水发木耳、精盐和胡椒粉煮3分钟，加入油菜，撒上枸杞子淋上香油即可。

冬笋炒肉

猪五花肉200克，冬笋100克，杭椒、小米椒各25克，香葱10克

姜块、蒜瓣各10克，精盐、香油、白糖各少许，酱油、料酒各1大匙，植物油2大匙

1 猪五花肉洗净，切成大片（图1），加上少许精盐和料酒拌匀；杭椒洗净，去蒂，斜切成小段（图2）；小米椒洗净，去蒂，也切成小段；香葱洗净，切成小段。

2 姜块、蒜瓣去皮，切成片；把冬笋洗净，先切成两半，再改刀切成大片（图3），放入沸水锅内（图4），加上少许精盐焯烫一下，捞出冬笋片，用冷水过凉，沥净水分。

3 炒锅置火上，放入植物油烧至五成热，放入五花肉片煸炒至变色（图5），加入蒜片、姜片炒出香味，烹入料酒，倒入小米椒段、杭椒段（图6）。

4 放入冬笋片和酱油翻炒均匀，加上白糖、精盐稍炒（图7），淋上香油，撒上香葱段，出锅上桌即可。

木樨肉

猪肉200克，黄瓜100克，胡萝卜、洋葱各50克，水发木耳25克，鸡蛋2个

葱花10克，精盐1小匙，酱油、料酒各1大匙，香油少许，淀粉、植物油各适量

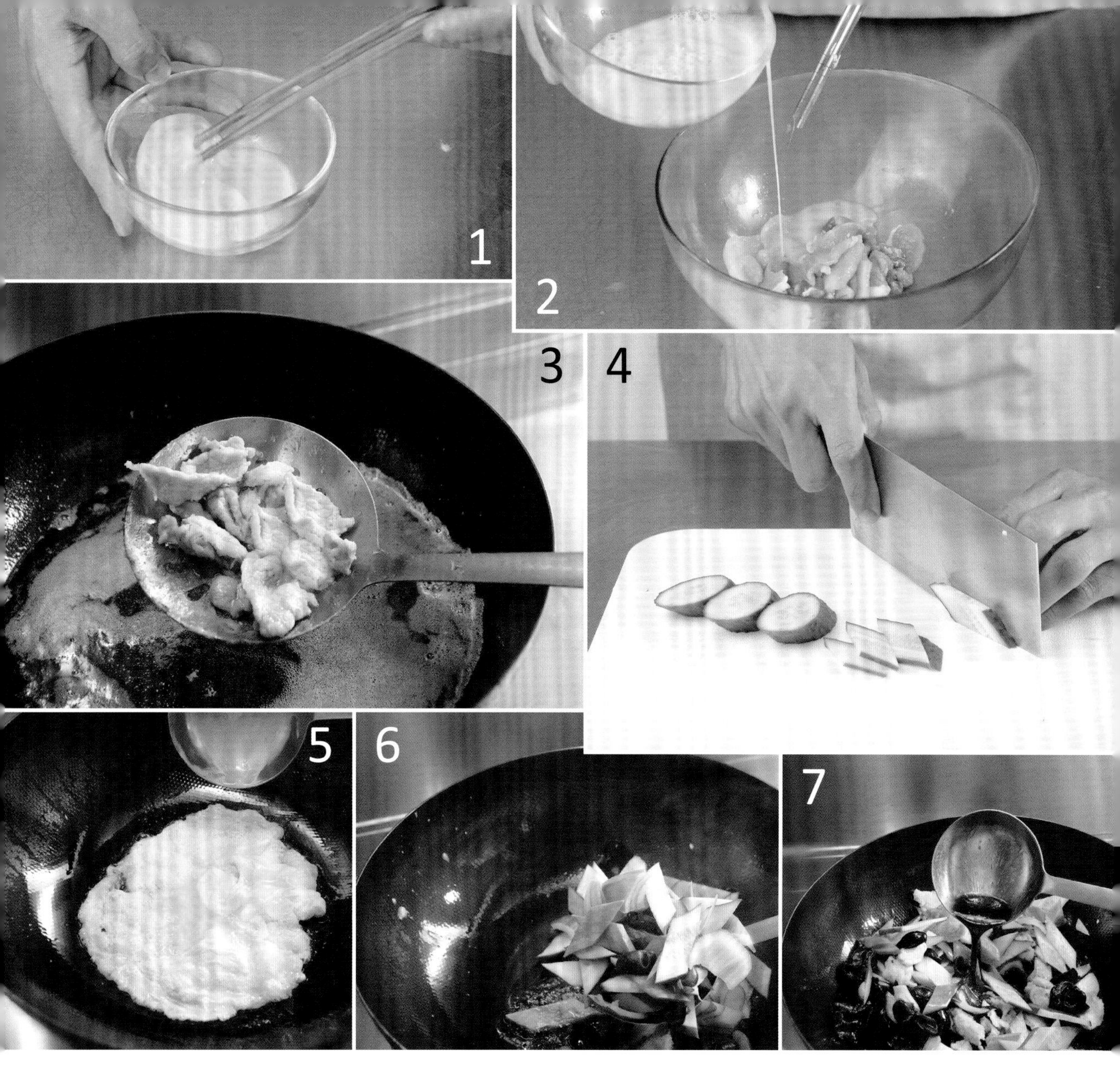

1 鸡蛋磕在碗里，加上少许精盐搅拌均匀成鸡蛋液（图1）；猪肉去掉筋膜，切成大片，放在容器内，加上少许鸡蛋液、精盐、料酒和淀粉拌匀（图2），放入烧热的油锅内滑至熟，捞出（图3）。

2 黄瓜洗净，切成大小均匀的菱形片（图4）；胡萝卜削去外皮，洗净，也切成菱形片；水发木耳去蒂，撕成小块；洋葱剥去外层老皮，切成小块。

3 净锅置火上，加入少许植物油烧至六成热，倒入搅拌好的鸡蛋液，用中火炒至熟（图5），取出。

4 净锅置火上，加入植物油烧热，放入葱花、胡萝卜片、洋葱块、黄瓜片和水发木耳块炒匀（图6），加入熟猪肉片、熟鸡蛋，放入精盐、酱油、料酒调好口味（图7），淋上香油，出锅上桌即可。

花生炖猪蹄

猪蹄1个，黄豆、花生各50克，香葱花10克，枸杞子5克

葱段25克，姜块15克，八角5个，精盐1小匙，料酒1大匙，生抽2小匙

1. 将花生、黄豆放入清水中泡发；猪蹄洗净，劈成两半，再剁成大块，放入沸水锅内焯烫5分钟，捞出，换清水漂洗干净。
2. 高压锅置火上，倒入清水，放入猪蹄块、葱段、姜片、八角、料酒、生抽炖煮30分钟至猪蹄熟嫩，捞出猪蹄块。
3. 净锅复置火上，滗入炖猪蹄的原汤，放入猪蹄块、花生、黄豆，继续炖煮10分钟，放入枸杞子稍煮，加上精盐，撒上香葱花即可。

猪肋排400克，香菇75克，熟芝麻15克

葱段、姜片、蒜瓣各10克，精盐1小匙，蚝油、生抽各1大匙，植物油适量

1 香菇洗净，去蒂，切成小块；猪肋排洗净，剁成寸段，放入清水锅内焯烫5分钟，捞出猪肋排段，沥净水分。

2 净锅置火上，加入清水、葱段、姜片、蒜瓣、肋排段和香菇块烧沸，用中火烧约30分钟至肋排段熟嫩，捞出肋排段。

3 炒锅置火上，放入植物油烧至六成热，倒入肋排段煸炒均匀，加入精盐、蚝油、生抽炒至浓稠入味，撒上熟芝麻，出锅上桌即可。

蚝油排骨

牛肉300克，豌豆粒150克，鸡蛋1个

蒜瓣、姜块各10克，干红辣椒5克，精盐1小匙，料酒、蚝油各1大匙，水淀粉、淀粉、植物油各适量

1 牛肉洗净，切成粒（图1），放入容器内，磕入鸡蛋（图2），加入少许精盐拌匀，再放入淀粉搅拌均匀；干红辣椒去蒂，大的掰成两半；蒜瓣去皮，切成片；姜块去皮，也切成片。

豌豆牛肉粒

2 把豌豆粒择洗干净，放入清水锅内，加入少许精盐焯烫2分钟，捞出豌豆粒（图3），沥净水分。

3 炒锅置火上，倒入植物油烧至五成热，加入牛肉粒并用筷子拨散，用中火炸约2分钟至牛肉粒断生，捞出（图4）。

4 锅内留少许底油，复置火上烧热，加入蒜片、姜片炝锅，加入干红辣椒煸炒（图5），加入牛肉粒和豌豆粒炒匀（图6），加入精盐、料酒、蚝油和清水烧沸，用水淀粉勾芡（图7），出锅上桌即可。

西式牛肉沙拉

烤熟的牛臀肉250克，熟土豆75克，荷兰豆50克，小番茄、红腰豆各5克，香葱段、黑水榄、酿青榄各少许

黑胡椒碎、精盐、橄榄油各适量

1 将烤熟的牛臀肉切成大片；熟土豆切成小块；黑水榄、酿青榄切成圈；荷兰豆切成块，放入沸水锅内焯烫一下，捞出，过凉。

2 将熟土豆块、小番茄、荷兰豆块、黑水榄圈、酿青榄和红腰豆放入碗内，加入精盐和橄榄油搅拌均匀。

3 将拌好的各种原料码放在盘内，摆上切好的熟牛臀肉片，撒上黑胡椒碎，插上香葱段加以点缀即可。

去骨小牛排300克，彩椒条、西蓝花瓣、玉米粒各30克

精盐、白胡椒粉各1/2小匙，黑胡椒碎1小匙，红酒、黑椒汁、植物油各适量

1. 将小牛排码放在盘内，加上精盐、白胡椒粉、黑胡椒碎拌匀，再加入红酒和植物油，腌渍30分钟。
2. 将扒台加热至180℃以上，放入腌好的小牛排，用中火煎至所需成熟度，取出小牛排，码放在盘内。
3. 在盛有小牛排的盘内，配上彩椒条、西蓝花瓣、玉米粒，撒上少许黑胡椒碎，再淋上黑椒汁，直接上桌即可。

煎小牛排

奶油牛肉汤

牛肉250克，土豆150克，洋葱、胡萝卜、西芹各100克

香叶少许，精盐1小匙，干红葡萄酒2大匙，黄油50克，番茄奶油汤适量

1 洋葱洗净，剥去外层老皮，改刀切成丁（图1）；胡萝卜去皮、去根，洗净，切成小丁；土豆洗净，削去外皮，也切成丁；西芹去掉菜根，取西芹嫩茎，切成小段。

2 将牛肉洗净血污，切成小块，放入清水锅内，加入香叶、精盐煮30分钟至熟，捞出牛肉块，切成丁。

3 净锅置火上烧热，加入黄油加热至溶化（图2），放入洋葱丁、胡萝卜丁和西芹段煸炒5分钟（图3），加入香叶，倒入番茄奶油汤（图4），用旺火烧沸。

4 加入熟牛肉丁、土豆丁略煮（图5），烹入干红葡萄酒（图6），再沸后用小火煮10分钟至熟香入味，出锅上桌即可（图7）。

香水肥羊

肥羊肉片300克，金针菇200克，黄瓜100克，小米椒25克，枸杞子、香葱各10克

大葱、姜块、蒜瓣各10克，花椒5克，精盐、生抽、郫县豆瓣酱、植物油各适量

1 大葱洗净，切成葱花；姜块、蒜瓣分别洗净，切成片；黄瓜刷洗干净，擦净水分，切成细丝，码放在深盘内垫底；小米椒洗净，切成椒圈；香葱洗净，切成香葱花。

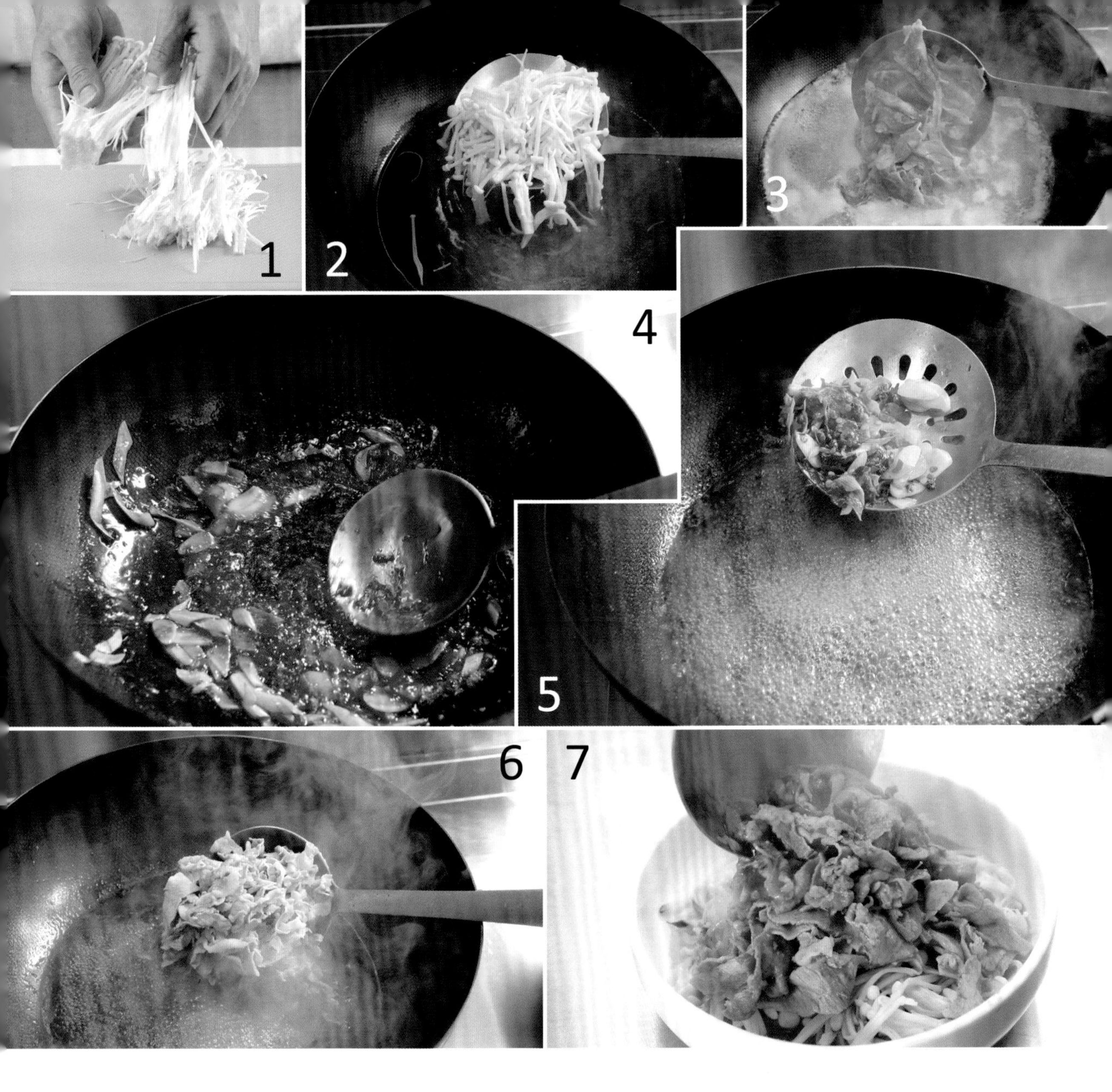

2 金针菇洗净，去掉根，撕成小条（图1），放入清水锅内焯烫至熟，捞出金针菇（图2），沥净水分，码放在盛有黄瓜丝的深盘内；肥羊肉片倒入清水锅内焯烫一下（图3），捞出。

3 净锅置火上，加入植物油烧至六成热，加入葱花、姜片、蒜片煸炒出香味，加入郫县豆瓣酱炒散（图4），加入花椒、清水、生抽、精盐煮沸，捞出锅内残渣（图5）。

4 倒入焯烫好的肥羊肉片（图6），用中火煮约3分钟，出锅，倒在金针菇上面（图7），撒上米椒圈、枸杞子和香葱花即可。

小鸡炖蘑菇

仔鸡500克，榛蘑50克，粉条25克，香葱、香菜各少许

姜片25克，蒜片15克，八角5个，精盐1小匙，老抽1大匙，白糖少许，植物油2大匙

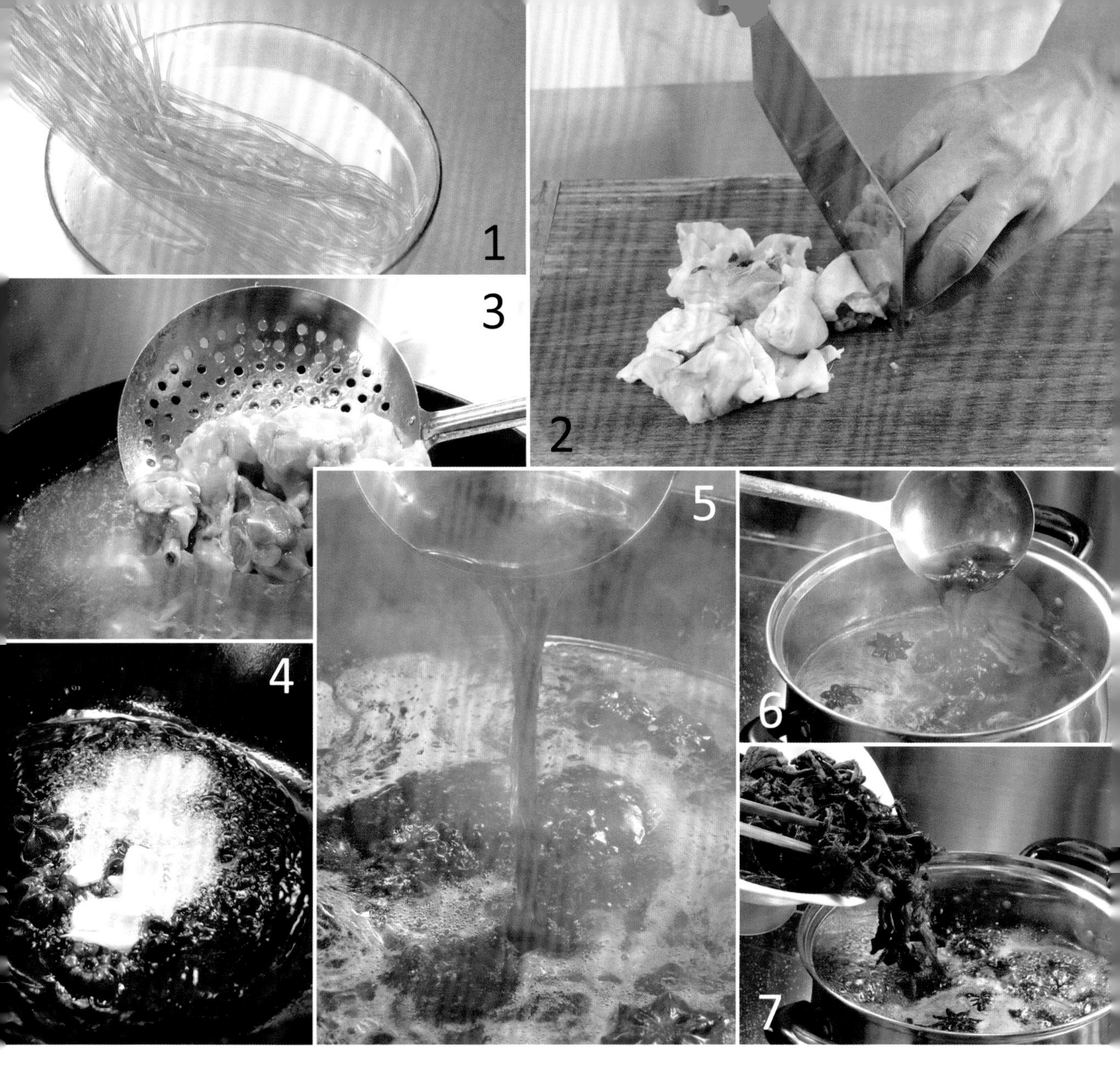

1. 榛蘑放在容器内，加入清水浸泡至涨发，捞出榛蘑，再换清水漂洗干净，沥净水分；粉条放入清水中涨发（图1）；香葱洗净，切成香葱花；香菜洗净，切成小段。
2. 仔鸡洗净，剁成大小均匀的块（图2），放入清水锅内（图3），烧沸后用旺火焯烫5分钟，捞出仔鸡块，沥净水分。
3. 净锅置火上，加入植物油烧至五成热，加入姜片、蒜片和八角炝锅出香味（图4），加入老抽，倒入足量的清水烧沸（图5），撇去浮沫，倒入炖锅中（图6）。
4. 炖锅中加入仔鸡块和榛蘑（图7），用中火炖约20分钟，加入水发粉条继续炖5分钟，加入精盐和白糖调匀，撒上香菜段和香葱花，出锅上桌即可。

鸡腿1只，茶树菇50克，青椒、红椒各15克

大葱20克，姜块、蒜瓣各10克，八角5个，精盐1小匙，料酒、老抽各1大匙，白糖2小匙，植物油2大匙

1 将鸡腿去掉绒毛，用清水洗净，剁成大小均匀的块（图1），放入清水锅内（图2），用中火焯烫5分钟，捞出鸡腿块（图3），换清水漂洗干净，沥净水分。

茶树菇焖鸡

2 将茶树菇放在盛有清水的大碗中浸泡至涨发（图4）；青椒、红椒分别去蒂、去籽，洗净，切成小条；大葱洗净，切成葱段；姜块去皮，切成片；蒜瓣去皮，拍散。

3 净锅置火上烧热，倒入植物油烧至六成热，放入葱段、姜片、蒜瓣和八角煸炒出香味（图5），倒入鸡腿块翻炒均匀，烹入料酒，加上老抽炒上颜色（图6）。

4 倒入清水，加入精盐、白糖烧沸，再放入泡好的茶树菇（图7），用中火炖约30分钟至入味，撒上青椒条和红椒条，出锅上桌即可。

净鸡胸肉250克，西生菜、紫皮洋葱各75克，面包糠适量，鸡蛋1个，意大利芹、莳萝各少许

精盐、鸡精、黑胡椒碎各1小匙，蓝莓酱、植物油各适量

1. 紫皮洋葱切成小条；西生菜掰成小块，放在容器内，加入紫皮洋葱条、少许精盐拌匀，码放在盘中垫底；鸡蛋磕在碗里打散。
2. 净鸡胸肉加上精盐、鸡精拌匀，粘上鸡蛋液，裹匀面包糠，放入烧至六成热的油锅内炸至色泽金黄，取出成鸡排。
3. 把鸡排切成小条，码放在西生菜和紫皮洋葱上，淋上蓝莓酱，撒上黑胡椒碎，用莳萝、意大利芹装饰即可。

炸鸡蓝莓沙拉

黑椒鸡翅

鸡翅500克

姜片、蒜片各10克，黑胡椒粒20克，精盐1/2小匙，冰糖1大匙，蚝油2小匙，生抽、植物油各适量

1 将鸡翅洗净，在鸡翅的两面各划两刀，放在大碗中，加上少许精盐、黑胡椒粒、蚝油搅拌均匀，腌渍15分钟。

2 炒锅置火上，加入植物油烧至五成热，放入鸡翅，用中火煎至上色，放入蒜片、姜片煸炒出香味。

3 放入清水、黑胡椒粒、精盐、冰糖、蚝油和生抽烧沸，用小火烧至鸡翅熟香，改用旺火收浓汤汁，出锅上桌即可。

菠萝鸭

鸭腿1个，净菠萝果肉150克，红柿子椒、黄柿子椒各25克

姜块10克，精盐1小匙，白糖、生抽、料酒、水淀粉、植物油各适量

1. 净菠萝果肉用淡盐水浸泡并洗净，捞出，沥净水分，切成滚刀块（图1）；姜块去皮，切成片；红柿子椒、黄柿子椒分别去蒂、去籽，洗净，切成小块。

2. 鸭腿用冷水漂洗干净，沥净水分，剁成大小均匀的块（图2），放入清水锅内（图3），用旺火焯烫3分钟（图4），捞出鸭腿块，换清水洗净，沥净水分。

3. 净锅置火上，加入植物油烧至六成热，加入姜片炝锅出香味，倒入鸭腿块（图5），用旺火翻炒几分钟，烹入料酒，加入足量的清水没过鸭腿块（图6）。

4. 放入生抽、白糖和精盐烧沸，用小火烧焖30分钟至鸭腿块熟香，倒入菠萝块炒匀（图7），撒上红柿子椒块和黄柿子椒块，用水淀粉勾芡，出锅上桌即可。

葱爆鸭胸

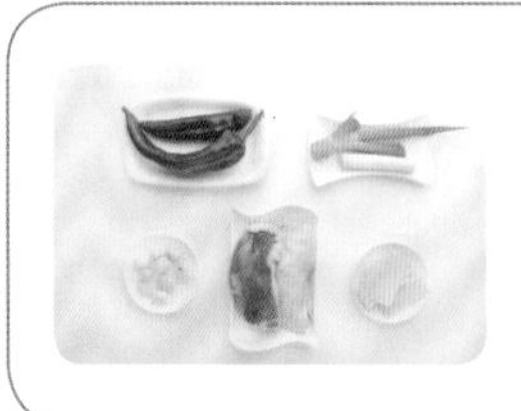

鸭胸肉400克，大葱100克，红尖椒1个

蒜瓣15克，姜块10克，精盐1小匙，料酒、生抽各2小匙，老抽少许，白糖1/2小匙，花椒油少许，植物油适量

1 大葱洗净，放入清水盆内，加上少许精盐浸泡10分钟，捞出大葱，取葱白部分，切成滚刀块（图1）；红尖椒洗净，去蒂、去筋膜，切成小块（图2）；姜块去皮，切成片。

2 鸭胸肉洗净，切成大小均匀的鸭肉片（图3），放在容器内，加入少许精盐和料酒拌匀。

3 炒锅置火上烧热，放入植物油烧至六成热，倒入鸭肉片煸炒至变色并出油脂，放入姜片和蒜瓣炒出香味（图4），烹入料酒，倒入适量的清水炒匀（图5）。

4 加入精盐、生抽、白糖和老抽炒至上色（图6），放入葱白段，用旺火快速翻炒均匀，加入红尖椒块稍炒（图7），淋上花椒油，出锅上桌即可。

白果鸭汤山药

净鸭子半只，山药250克，白果15克，枸杞子10克，香葱少许

老姜15克，葱段少许，陈皮5克，精盐1小匙，料酒1大匙

1 将老姜去皮，切成薄片；山药削去外皮，切成滚刀块；香葱去掉根和老叶，切成香葱花；枸杞子、白果分别择洗干净。

2 将净鸭子剁成大小均匀的块，放入清水锅内烧沸，用中火焯烫5分钟，捞出鸭块，换清水漂洗干净。

3 将鸭块、白果、山药块、姜片、陈皮、葱段放入清水锅内烧沸，加入精盐和料酒，用小火炖1小时，加入枸杞子和香葱花即可。

鸭子450克，山药200克，红枣25克，枸杞子少许

老姜1块，精盐1小匙，料酒1大匙，胡椒粉少许

1 老姜去皮，切成大片；山药刷洗干净，削去外皮，切成滚刀块；红枣洗净，去掉果核，取净红枣果肉。

2 鸭子用清水漂洗干净，沥净水分，剁成大小均匀的块，放入沸水锅内焯烫几分钟，捞出鸭块，沥净水分。

3 净锅置火上，放入清水、料酒、鸭块、红枣、姜片和山药块，用中火炖煮1小时，加入精盐、胡椒粉调好口味，放入枸杞子稍煮即可。

红枣山药老鸭汤

鲜鹅肝250克，法包片、杂菜丝、洋葱碎各适量

香草2克，精盐、白胡椒粉、鸡精、柠檬汁各少许，白兰地酒、干白葡萄酒各1大匙，黄油、淡奶油、橄榄油各适量

1 锅置火上，倒入橄榄油烧热，下入洋葱碎、香草、干白葡萄酒、柠檬汁、白胡椒粉、精盐炒匀，加入淡奶油、黄油煮匀成奶油香草汁。

2 鲜鹅肝去掉筋膜，放在干净容器内，加上少许精盐、鸡精、白胡椒粉、白兰地酒拌匀，腌渍10分钟。

3 平底锅置火上，加入橄榄油烧热，放入腌渍好的鹅肝，用中火煎至两面金黄，取出，配以杂菜丝、法包片装盘，淋上奶油香草汁即可。

法式煎鹅肝

香菜拌豆腐

豆腐400克，香菜50克，红椒25克

精盐1小匙，生抽2小匙，植物油少许，香油1/2大匙

1. 豆腐先切成厚片，再改刀切成2厘米大小的块，放入沸水锅内，加上少许精盐和植物油焯烫一下，捞出，过凉，沥净水分。
2. 将香菜洗净，去根和老叶，切成碎末；红椒去蒂、去籽，洗净，切成小粒。
3. 把豆腐块、香菜碎末放入容器内，加入精盐、生抽搅拌均匀，淋上香油，撒上红椒粒，装盘上桌即可。

葱烧海参

鲜海参300克，大葱150克，油菜100克，枸杞子少许

姜片、蒜片各5克，精盐、蚝油、生抽、白糖、料酒、胡椒粉、水淀粉、植物油各适量

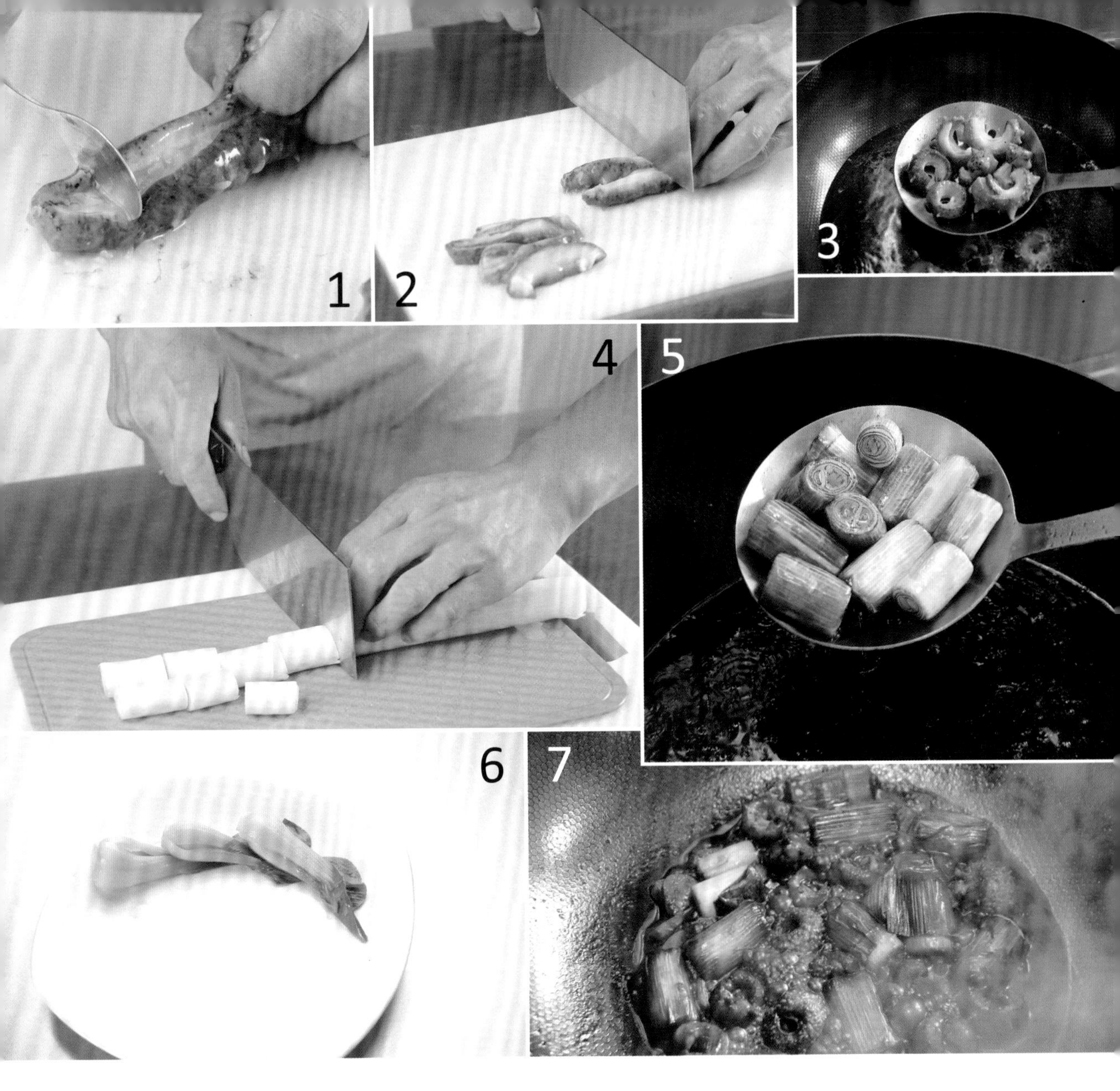

1 鲜海参洗净，先切成两半，去掉内脏（图1），再用清水洗净残留泥沙，沥净水分，改刀切成长条（图2），放入清水锅内焯烫一下，捞出海参（图3），沥净水分。

2 将大葱去根和叶，洗净，取葱白部分，切成4厘米长的段（图4），放入烧热的油锅内炸呈金黄色，捞出葱白段（图5）。

3 把油菜去根和老叶，洗净，放入沸水锅内，加入少许精盐和植物油焯烫一下，捞出油菜，沥净水分，码放在盘中一侧（图6），再摆上洗净的枸杞子加以点缀。

4 锅内加上少许植物油烧热，放入姜片、蒜片炝锅，加入精盐、蚝油、生抽、白糖、料酒、胡椒粉和清水烧沸，放入海参和炸好的葱白段烧5分钟（图7），用水淀粉勾芡，盛放在油菜盘内即可。

大虾400克，青椒、红椒各30克，洋葱25克，香葱15克，熟芝麻10克

椒盐1/2大匙，精盐少许，淀粉4小匙，料酒1大匙，植物油适量

1 把大虾洗净，从大虾背部片开，剔去虾线（图1），放在容器内，加上精盐、料酒拌匀，再加入淀粉裹匀（图2）；香葱去根和老叶，洗净，切成香葱花。

椒盐大虾

2 洋葱剥去外层老皮，切成碎粒（图3）；红椒去蒂、去籽，洗净，切成小粒；青椒去蒂、去籽，也切成小粒（图4）。

3 净锅置火上，倒入植物油烧至七成热，放入加工好的大虾炸至色泽金黄，捞出，沥油（图5）。

4 锅内留少许底油，复置火上烧热，放入洋葱粒、红椒粒、青椒粒翻炒均匀（图6），倒入炸好的大虾，加入椒盐炒匀（图7），撒上香葱花和熟芝麻，装盘上桌即可。

虾仁蒸蛋

虾仁100克，鸡蛋5个，青豆粒25克，香葱10克，枸杞子少许

精盐1小匙，水淀粉1大匙

1 把虾仁去掉虾线，放入清水锅内焯烫至熟，捞出虾仁，沥净水分；香葱择洗干净，切成香葱花；枸杞子洗净。

2 把青豆粒放入沸水锅内焯烫一下，捞出，沥水；把鸡蛋磕入容器内，加上精盐、水淀粉和少许清水搅拌均匀成鸡蛋液。

3 蒸锅置火上，将搅拌好的鸡蛋液放入锅内蒸6分钟，待鸡蛋微微定形，放入虾仁和青豆粒，继续蒸2分钟，撒上香葱花和枸杞子即可。

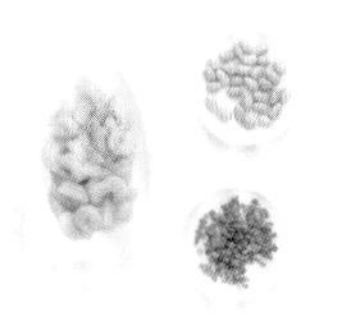

虾仁400克，香葱15克，枸杞子少许

姜片5克，精盐1小匙，水淀粉2小匙，花椒油少许，植物油适量

1 把虾仁去掉虾线，放入清水锅内，快速焯烫一下，捞出虾仁，沥净水分；香葱择洗干净，切成香葱花；枸杞子洗净。

2 净锅置火上，加入植物油烧至六成热，放入姜片炝锅出香味，倒入焯烫好的虾仁，用旺火快速翻炒均匀。

3 加入精盐调好口味，放入少许清水炒匀，用水淀粉勾芡，淋上花椒油，加入枸杞子和香葱花稍炒，出锅上桌即可。

清炒虾仁

蒜香鳝段

鳝鱼400克，蒜瓣100克，青椒、红椒各25克

姜片5克，精盐少许，蚝油、生抽各1大匙，料酒4小匙，白糖2小匙，水淀粉、植物油各适量

1 把鳝鱼宰杀，清洗干净，先剁去鳝鱼头，去除内脏（图1），切成大小均匀的鳝鱼段，在每段鳝鱼背部切上均匀的刀口（图2），放入容器内，加入清水洗净（图3），沥净水分。

2 蒜瓣剥去外皮，用刀面轻轻拍松；青椒、红椒分别去蒂、去籽，洗净，切成小块。

3 炒锅置火上，倒入适量的清水，加上姜片、少许精盐和料酒烧沸，放入鳝鱼段焯烫3分钟，捞出鳝鱼段，沥净水分（图4）。

4 锅置火上，加入植物油烧热，加入蒜瓣煸炒至变色（图5），加入精盐、生抽、料酒、蚝油、白糖、清水和鳝鱼段烧10分钟（图6），加入青椒块和红椒块，用水淀粉勾芡（图7），出锅上桌即可。

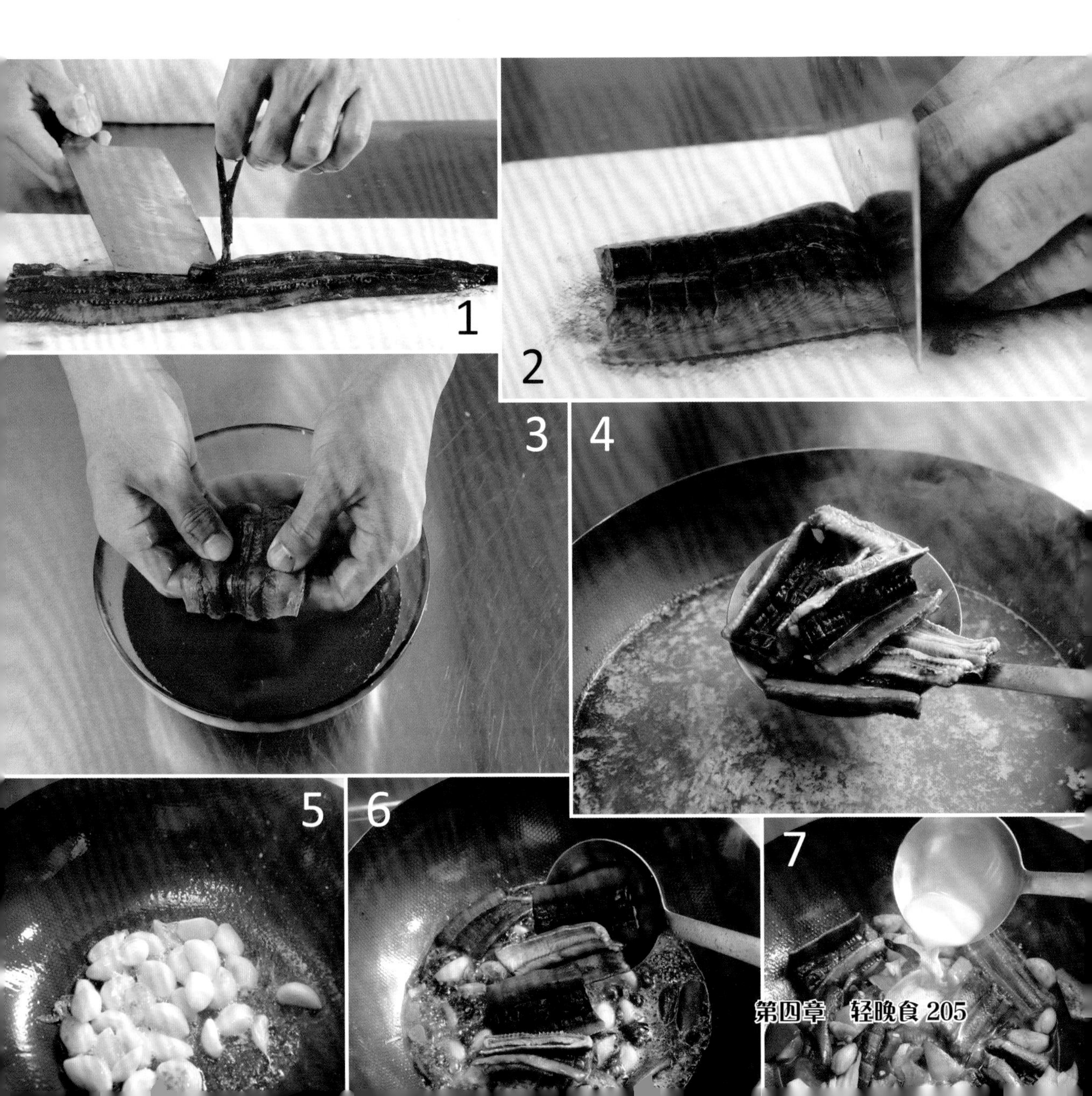

海鲜沙拉

龙虾、鲜贝、土豆各适量，橙子、紫皮洋葱、西芹、小番茄、黑水榄、球茎茴香各少许

精盐1小匙，蛋黄酱2大匙，黑胡椒碎、胡椒粉各1/2小匙，百里香少许

1 龙虾刷洗干净，取净龙虾肉（图1）；土豆削去外皮，切成丁（图2）；紫皮洋葱切成小块；小番茄洗净，切成小块；黑水榄切成圈，西芹放入沸水锅内焯烫一下，捞出，过凉，切成碎粒。

2 净锅置火上，加上精盐和胡椒粉烧沸，分别加入龙虾肉、土豆丁、鲜贝，用旺火快速焯烫至熟（图3），取出土豆丁、鲜贝、龙虾肉，放入冰水中冷却（图4）。

3 将龙虾肉、鲜贝、土豆丁、小番茄块、西芹碎放在深盘内，加上蛋黄酱搅拌均匀（图5），码放在盘中成海鲜沙拉（图6）。

4 橙子削去外皮，取橙子净果肉，切成小块，码放在海鲜沙拉中（图7），放入黑胡椒碎，加上黑水榄圈、紫皮洋葱块、百里香、球茎茴香点缀即可。

图书在版编目（CIP）数据

周末下厨房 / 李光健编著. -- 长春 : 吉林科学技术出版社, 2018.7
ISBN 978-7-5578-4380-9

Ⅰ. ①周… Ⅱ. ①李… Ⅲ. ①菜谱－中国 Ⅳ. ①TS972.182

中国版本图书馆CIP数据核字(2018)第108917号

周末下厨房

ZHOUMO XIA CHUFANG

编　　著　李光健
出 版 人　李　梁
责任编辑　张恩来　高千卉
封面设计　长春创意广告图文制作有限责任公司
制　　版　长春创意广告图文制作有限责任公司
开　　本　787 mm × 1 092 mm　1/16
字　　数　200千字
印　　张　13
印　　数　1–6 000册
版　　次　2018年7月第1版
印　　次　2018年7月第1次印刷
出　　版　吉林科学技术出版社
发　　行　吉林科学技术出版社
地　　址　长春市人民大街4646号
邮　　编　130021
发行部电话/传真　0431–85677817　85635177　85651759
85651628　85600611　85670016
储运部电话　0431–86059116
编辑部电话　0431–85610611
网　　址　www.jlstp.net
印　　刷　吉林省创美堂印刷有限公司
书　　号　ISBN 978–7–5578–4380–9
定　　价　49.90元